“十四五”职业教育国家规划教材

全国高职高专规划教材

大气监测实训指导

（第二版）

主　编　庄延娟　蔡慧华　周　咪

中国环境出版集团·北京

图书在版编目（CIP）数据

大气监测实训指导 / 庄延娟，蔡慧华，周咪主编
. -- 2 版. -- 北京 ：中国环境出版集团，2024.4（2025.12 重印）
全国高职高专规划教材
ISBN 978-7-5111-5834-5

Ⅰ. ①大… Ⅱ. ①庄… ②蔡… ③周… Ⅲ. ①大气监测－高等职业教育－教学参考资料 Ⅳ. ①X831

中国国家版本馆 CIP 数据核字(2024)第 069827 号

责任编辑 李兰兰
封面设计 宋 瑞

出版发行 中国环境出版集团
（100062 北京市东城区广渠门内大街 16 号）
网 址：http://www.cesp.com.cn
电子邮箱：bjgl@cesp.com.cn
联系电话：010-67112765（编辑管理部）
010-67112735（第一分社）
发行热线：010-67125803，010-67113405（传真）

印 刷 北京中科印刷有限公司
经 销 各地新华书店
版 次 2017 年 8 月第 1 版 2024 年 4 月第 2 版
印 次 2025 年 12 月第 2 次印刷
开 本 787×1092 1/16
印 张 19.5
字 数 420 千字
定 价 60.00 元

《大气监测实训指导》（第二版）

编写人员

主　编　庄延娟　蔡慧华　周　咪

副主编　罗　超　余宇帆　刘玲英　巫培山

参　编　余奕东　何晓燕　胡　静　王　畅

前　言

2017 年 8 月，在团队教师及企事业单位行业专家的共同努力和配合下，《大气监测实训指导》顺利出版，2020 年 12 月入选“十三五”职业教育国家规划教材，2023 年 6 月入选首批“十四五”职业教育国家规划教材。

为贯彻落实党的二十大精神，按照教育部教材局和职业教育与成人教育司要求，结合教材有关内容，及时全面准确体现党中央的最新要求，加快推进党的二十大精神进教材、进课堂、进头脑，对本教材进行修订再版，修订过程中考虑了学科专业新进展、行业发展新动态，增加了大气监测新知识、新技术、新工艺和新规范，新增了数字化教学资源，并强化了过程评价和结果评价。

与第一版相比，本次再版做了以下改进和修订：

（1）将党的二十大精神与教材内容相结合，新增思政导读。

（2）每个实训项目新增实训任务与要求、技能考核与评价内容，其中为更好地开展实训评价，技能考核与评价另外成册。

（3）项目一大气监测基础认知：新增“常规气象参数的测定”实训视频资源。

（4）项目二环境空气质量监测：①更新环境空气中二氧化氮、总悬浮颗粒物、$PM_{10}/PM_{2.5}$ 的测定等实训视频资源，并根据《环境空气质量标准》（GB 3095—2012）2018 年修改单内容更新污染物浓度的计算方法；②新增大气采样器和颗粒物采样器的使用及其校准，二氧化硫、臭氧、铅的测定等实训视频资源。

（5）项目三室内空气污染监测：根据最新的《室内空气质量标准》（GB/T 18883—2022）更新室内空气中甲醛、氨、苯、甲苯、二甲苯、总挥发性有机物（TVOC）的测定内容和计算方法，并新增 TVOC 的测定实训视频资源。

（6）项目四固定污染源监测：新增工业源高浓度烟尘（气）和油烟测定的实训视频资源，新增工业源低浓度烟尘（气）及固定污染源废气中挥发性有机物、非甲烷总烃、臭气、氯化氢的测定等实训内容及相应的实训视频资源。

（7）项目五道路移动污染源排气监测：根据《汽油车污染物排放限值及测量方法（双怠速法及简易工况法）》（GB 18285—2018，代替 GB 18285—2005、HJ/T 240—2005）更新双怠速法、简易瞬态工况法、稳态工况法等实训内容。

整体而言，全书分为 5 个项目，共 23 个实训任务，广东环境保护工程职业学院庄延娟、蔡慧华、周咪任主编，罗超、余宇帆、刘玲英以及广东省科学院测试分析研究所（中国广州分析测试中心）巫培山任副主编。除庄延娟、周咪、罗超负责查新标准和规范，设计新增实训任务与要求、技能考核与评价内容外，庄延娟还负责教材的统稿工作、项目二环境空气质量监测的编写以及教材实训资源的制作工作；周咪负责项目五道路移动污染源排气监测的编写工作，并参与项目二和项目四部分实训资源的制作工作；罗超负责项目四固定污染源监测实训一、实训二、实训七的编写，并参与相关实训资源的制作工作；余宇帆负责项目一大气监测基础认知和项目四固定污染源监测实训三、实训四、实训五、实训六的编写工作，并参与相关实训资源的制作工作；刘玲英负责项目三室内空气污染监测的编写和实训资源的制作工作；蔡慧华和巫培山负责书稿审核及指导工作。

通标标准技术服务有限公司广州分公司余奕东、何晓燕、胡静，中山大学公共卫生学院王畅为本书的编写提供了实训素材，并对全书的编写提出了专业、实用的建议。教材在编写过程中也得到了广东省环境监测中心黄江荣，广东省广州生态环境监测中心站双菊荣，广东环境保护工程职业学院分析测试中心曾芳、杨泽宏、蔡泽鹏的技术指导。中国环境出版集团李兰兰等同志对本书的编写和出版给予了大力支持和帮助，在此一并致以深深的谢意。

此外，与教材同步配套的《大气环境监测》在线开放课程已在智慧职教 MOOC 平台顺利开课，欢迎各位老师、同学以及环境保护工作者登录网址：https://mooc.icve.com.cn/cms/courseDetails/index.htm?cid=kqhgdh044zyj857，在开课时加入课程进行学习。

由于编者水平有限和时间仓促，书中难免存在一些错误和不足，敬请广大读者不吝赐教，以便修订时采纳。

编　者

2024 年 3 月 22 日

第一版前言

大气监测作为一门实践性较强的专业技术课程，要求学生在理论知识的支撑下，具备较强的专业实操技能。为了配合《大气监测》教材的教学实施，在行业企业专家的协助下，结合实际工作岗位需求和常用监测设备的应用，引用国家最新标准，编写了本实训教材。

本书以“实用、够用”为原则，在实训项目选取上，重点考虑空气质量监测和不同污染源的典型污染物监测，主要包括环境空气质量监测、固定污染源监测、道路移动污染源监测、室内空气污染监测四个模块。每个实训项目的编写均从实际工作流程出发，明确实训目的，包含实训准备、样品采集、分析、结果记录、数据处理和评价、质量控制和质量保证、注意事项等内容。对学生提出了相应的技能要求，力求让学生通过实训进一步理解和深化知识内容，掌握大气监测的相关实践技能。本书部分实训项目可通过扫描二维码的方式拓展学习相关标准原文或与实训相关的操作视频、图片等内容。

全书分为 5 个大项目，共 18 个实训项目。由广东环境保护工程职业学院庄延娟、蔡慧华任主编，刘玲英、周咪任副主编。庄延娟负责教材的整体构思、统稿工作以及项目二环境空气质量监测的编写工作，蔡慧华负责书稿审核及项目一大气监测基础知识的编写工作，刘玲英负责项目三固定污染源监测和项目五室内空气污染监测的编写工作，周咪负责项目四道路移动污染源监测的编写工作。

通标标准技术服务有限公司广州分公司余奕东、何晓燕、胡静为本书的编写提供了实训素材，并对全书的编写提出了专业、实用的建议。教材在编写过程中也得到了广东省环境监测中心、广东环境保护工程职业学院分析测试中心的支持。中国环境出版社李兰兰等同志对本书的编写和出版给予了大力支持和帮助，在此一并致以深深的谢意。

由于编者水平有限和时间仓促，书中难免存在一些错误和不足，敬请广大读者不吝赐教，以便修订时采纳。

编　者

2017 年 5 月 30 日

目　录

项目一　大气监测基础认知

思政导读：习近平总书记在党的二十大报告中指出，我们坚持绿水青山就是金山银山的理念，坚持山水林田湖草沙一体化保护和系统治理，全方位、全地域、全过程加强生态环境保护，生态文明制度体系更加健全，污染防治攻坚向纵深推进，绿色、循环、低碳发展迈出坚实步伐，生态环境保护发生历史性、转折性、全局性变化，我们的祖国天更蓝、山更绿、水更清。我们要推进美丽中国建设，坚持山水林田湖草沙一体化保护和系统治理，统筹产业结构调整、污染治理、生态保护、应对气候变化，协同推进降碳、减污、扩绿、增长，推进生态优先、节约集约、绿色低碳发展。

生态环境监测是生态环境保护的基础，是生态文明建设的重要支撑。大气环境监测是生态环境监测的重要组成部分，是实现我国天更蓝的重要支撑。气象条件是影响环境空气质量的重要因素之一，气象参数测定是大气环境监测中的重要一环。通过气象参数的测定，可以了解主要气象条件与大气污染的关系，为科学开展大气污染物监测分析提供依据。

实训　常规气象参数的测定

一、实训目的

1. 认识测定常规气象参数的仪器设备。
2. 规范掌握测定常规气象参数的仪器设备的使用方法及注意事项。

二、实训任务与要求

1. 做好实训预习工作，完成技能考核与评价表相关内容。

2. 根据实训任务准备实训器材。

3. 规范完成风向、风速、气温、气压、相对湿度等气象参数的测定。

4. 规范记录和处理实训数据，完成技能考核习题。

三、仪器设备

1. DEM6 型便携式风向风速表。

2. QDF-3 型台式热球风速计。

3. DYM_3 型空盒气压计。

4. 272-A 型干湿球温度计。

5. WS-1 型毛发温湿度计。

四、气象参数的测定

常规的气象参数测定包含风向、风速、气温、气压、相对湿度的测定，本部分内容的编写以相应的仪器使用说明书为依据。

（一）风向、风速的测定

实训视频：常规气象参数的测定

本实训以 DEM6 型便携式风向风速表和 QDF-3 型台式热球风速计为例进行说明。

1. DEM6 型便携式风向风速表

DEM6 型便携式风向风速表的仪器测量部分采用了单机片技术，可以同时测量瞬时风速、瞬时风级、平均风速、平均风级和对应浪高等 5 个参数。

（1）DEM6 型便携式风向风速表的基本结构和工作原理

①基本结构。

风向风速表由风向测量部件、风速传感器、仪器主机三部分组成（如图 1.1-1）。

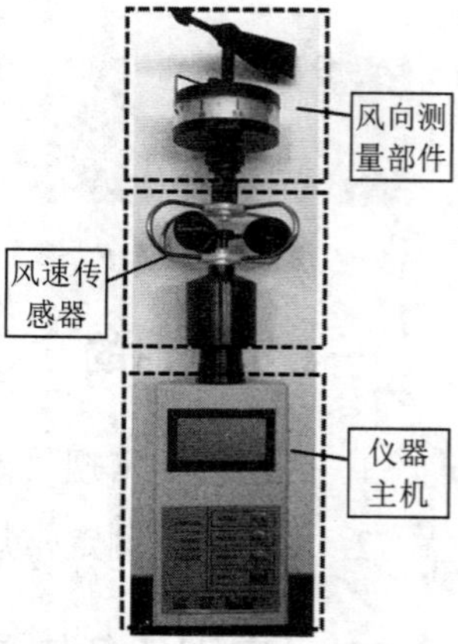

图 1.1-1　DEM6 型便携式风向风速表

②工作原理。

a. 风向部分：风向部分由保护风向度盘的回弹顶杆支撑。整体结构由风向标、风向轴及风向度盘等组成，装在风向度盘上的磁棒与风向度盘组成磁罗盘用来确定风向方位。当下拉锁定旋钮并向右旋转定位时，回弹顶杆将风向度盘放下，使锥形宝石轴承与轴尖相接触，此时风向度盘将自动定北。风向示值由风向指针在风向度盘的稳定位置来确定。当左旋转锁定旋钮并使其向上回弹复位时，回弹顶杆将风向度盘顶起并定位在仪器上部，并使锥形宝石轴承与轴尖相分离，以保护风向度盘及轴承与轴尖不受损坏（注：当仪器使用完毕后必须及时复位至此状态）。

b. 风速部分：风速传感器采用的是传统三杯旋转架结构。它将风速线性地变换成旋转架的转速。为了减小启动风速，采用特殊材料制成的轻质风杯和宝石轴承支撑。通过固定在旋转架上的装置经传感器检测后将信号传送到主机内进行测算。

仪器内的单片机对风传感器的输出频率进行采样、校正、计算。最后仪器输出瞬时风速、1 min 平均风速、瞬时风级、1 min 平均风级、平均风级对应的浪高 5 个参数。测得的参数在仪器的液晶显示器上用数字直接显示出来。

（2）测量方法

①风向测量部分。

a. 先将风向测量部件、风速传感器、仪器主机连接组装成一体，然后在观测前检查风向部分是否垂直牢固地连接在风速仪风向杯的回弹顶杆上，再将仪器安置（或手持着）在四周开阔无高大障碍物的地方，安置高度以便于观测为限，保持仪器直立。

b. 下拉锁定旋钮并向右旋转定位时，回弹顶杆将风向度盘放下，使锥形宝石轴承与轴尖接触，待风向指针稳定时读取方位读数，如指针摆动可读其中值。

c. 测量完成后，为了保护轴尖与锥形宝石轴承，应及时左旋转锁定旋钮并使其向上回弹复位，回弹顶杆将风向度盘顶起并定位在仪器上部，并使锥形宝石轴承与轴尖分离。

②风速测量部分。

a. 确认仪器内已经正确安装电池，仪器采用的是 3 节 1.5 V 的 5 号电池，若没有安装电池，请打开仪器的后盖板，即可装入（注意正负极）。

b. 按显示屏上的开关键开机，按键功能：A—瞬时风速，B—平均风速，C—瞬时风级，D—平均风级，E—对应浪高。瞬时/平均风速单位：m/s。瞬时/平均风级单位：级。对应浪高单位：m。显示器上共有 3 位数字位，用于显示测量值。

c. 仪器运行时，同时测量瞬时风速、瞬时风级、平均风速、平均风级、对应浪高这 5 个参数，但只能显示其中的一个参数，显示参数由风速显示键（A/B）和风级显示键（C/D/E）来切换，每按一次风速显示键，显示参数就在瞬时风速和平均风速之间切换，每按一次风级显示键，显示参数就在瞬时风级、平均风级、对应浪高之间切换。显示时对应的位置上会出现小数点。风速、浪高参数小数点后保留一位，风级显示整数，没有小数点显示。平均风速、平均风级、对应浪高需要有 1 min 的采样时间，所以在进行测量的 1 min 内，或锁存撤销后的 1 min 内，不能得到正确的平均值，一直要等到采样时间大于 1 min 以后，显示器才显示有效的参数值。

d. 瞬时风速、瞬时风级显示数据每隔约 0.5 s 刷新一次；平均风速、平均风级、对应浪高显示数据每隔约 1 min 刷新一次，显示值为前 1 min 的平均风速、平均风级及其所对应的浪高。

2. QDF-3 型台式热球风速计

（1）工作原理及适用范围

该仪表采用量热式原理测量风速，测量风速的敏感元件为一个直径约 0.8 mm 的球状元件。仪器结构紧凑、体积小、性能稳定、操作维护方便（如图 1.1-2）。它可以广泛用于采暖、通风、气象、空气调节等一切要测定室内外或者模型气体流速的场合，是一种测量低风速的基本仪器。

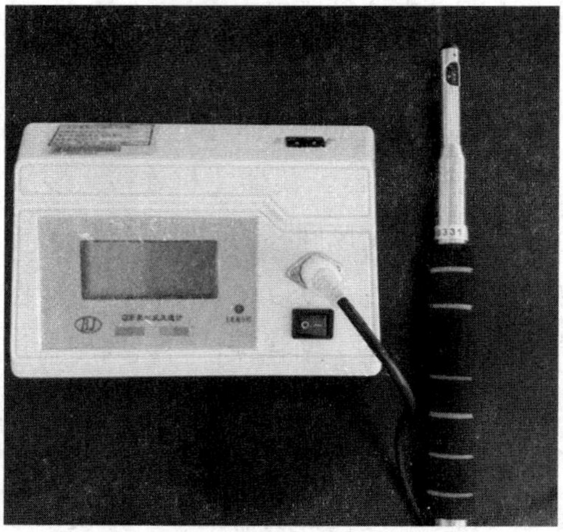

图 1.1-2　QDF-3 型台式热球风速计

（2）使用方法

①首先检查确认主机和测杆均完好无损，且标号一致。

②仪器通电前，先将风速传感器的电缆插头插在仪器面板的四孔插座内，然后将测杆垂直向上放置，使探头封闭在测杆内。

③开启仪器面板上的电源开关（将电源开关推至“一”侧），仪表开机并进入预热状态，显示 5 s 倒计时。预热 1 min，显示应为 0.0 m/s。

④测量：取下探头帽，使被测风通过敏感元件所在的窗口，并且使迎风标志面迎向来风，即可进行风速测量。仪表为即测即显型仪表，显示屏及时跟踪显示被测风速的变化，数值 1 s 刷新一次。

⑤测量完毕后，关闭电源（将电源开关推至“O”处），同时将探头帽堵上，以免损坏敏感元件（热球），然后再取下测杆电缆插头。

（3）使用注意事项

①进行风速测量时，必须使探头上的敏感元件（迎风标志）对准来风方向。取下探头帽时要小心，不可碰到热球。

②测量时，仪表和测杆必须配套使用（即标号相同），否则不能保证测量精度。

③开机时，探头必须垂直向上放置，盖紧探头帽使探头密封，以便得到正确的风速零

位补偿。

④插拔电缆插头时，必须在关断电源的情况下进行，否则可能造成仪表损坏。

⑤仪表应放在通风、干燥、没有腐蚀性气体及强烈的机械振动和强磁场影响的室内。

⑥仪表长期不使用时，待电池提示电量低需要充电时，充电 12～15 h 再存放起来。充电时，仪表充电指示灯亮，否则检查电源接线是否可靠。

⑦仪表在运输过程中，应注意防震、防潮、防雨、防晒。

⑧为保证仪表测量的准确性，用户应每年在计量部门认可的专用设备上对仪表进行校准。

（二）气压、气温的测定

常用空盒气压表测定气温和气压。以 DYM_3 型空盒气压表为例（如图 1.1-3），说明测定气温和气压的原理和方法。

图 1.1-3　DYM_3 型空盒气压表

1. 工作原理

空盒气压表以弹性金属做成的薄膜空盒作为感应元件，将大气压力转换成空盒的弹性位移，通过杠杆和传动机构带动指针。当指针顺时针方向偏转时，指示出气压升高的变化量；当指针逆时针方向偏转时，指示出气压降低的变化量。当空盒的弹性应力与大气压力相平衡时，指针就停止转动，这时指针所指示的气压值就是当时的大气压力值。

利用空盒气压表上的附温表测量气温，其原理是热胀冷缩效应，附温表中的玻璃毛细管内装有液柱，当温度升高时，液柱会因为热胀而上升；当温度降低时，液柱会因为收缩而下降，温度计的刻度即可显示出气温的变化。

2. 使用方法

（1）使用时请将空盒气压表水平放置。

（2）读数前用手指轻轻叩敲仪器外壳或表面玻璃，以消除传动机构中的摩擦。

（3）观察时指针与镜面指针相重叠，此时指针所指数值即为气压表示值 P_s，读数精确到一位小数。

（4）读取气压表上温度表示值，精确到一位小数。

（5）气压值的求算：仪器上读取的气压表示值只有经过下列订正后才能使用。

①温度订正：由于环境温度的变化会对仪器金属的弹性产生影响，因此必须进行温度订正。温度订正值可由式（1.1-1）计算：

$$\Delta P_t = a \cdot t \tag{1.1-1}$$

式中：ΔP_t——温度订正值；

a ——温度系数值（检定证书上附有）；

t ——温度表读数。

②示度订正：由于空盒及其转动的非线性，当气压变化时就会产生示值误差，因此必须进行示度订正。求算方法：根据检定证书上的示度订正值，在气压表示值相对应的气压范围内，用内插法求出订正示值 ΔP_s。

③补充订正：为消除空盒的剩余变形对示值产生的影响，从检定证书上得到补充订正值 ΔP_d。

经订正后的气压值可由式（1.1-2）计算：

$$P = P_s + (\Delta P_t + \Delta P_s + \Delta P_d) \tag{1.1-2}$$

3. 注意事项

（1）仪器工作时必须水平放置，以防止倾斜造成读数误差。

（2）使用者切勿将塑料外壳内仪器取出，以免造成不必要的损坏。

（3）由于仪器的补充订正值随时间而改变，因此补充订正值不得超过 6 个月使用期限，超过时必须重新进行检定。

（4）使用者不得擅自调动调节螺钉，以免增加仪器的误差。

4. 保管运输

（1）仪器应存放在干燥、空气流通、无腐蚀性气体和剧烈震动的地方。

（2）仪器可采用除空运外的其他任何运输方式。

（3）仪器包装箱内必须填充减震物，箱外应标注“小心轻放”“精密仪器”“不可倒置”等字样。

（三）相对湿度的测定

本实训采用干湿球温度计和毛发温湿度计两种仪器测定相对湿度。

1. 272-A 型干湿球温度计

（1）结构与工作原理

干湿球温度计是测定气温、气湿的一种仪器。由两支相同的普通温度计组成，一支用于测定气温，称为干球温度计；另一支在球部用蒸馏水浸湿的纱布包住，纱布下端浸入蒸馏水中，称为湿球温度计（如图 1.1-4）。由于包住湿球温度计的纱布吸水后蒸发吸热，所以示数比干球温度计的示数小。湿球的纱布要经常更换。当空气干燥时，湿球温度计的纱布水分蒸发快，吸热多，两个温度计的示数差就比较大。两个温度计的示数差越大，说明空气越干燥。当空气中水蒸气很多时，湿球温度计的纱布水分蒸发慢，吸热少，两个温度计的示数差就小。两个温度计的示数差越小，说明空气越潮湿。

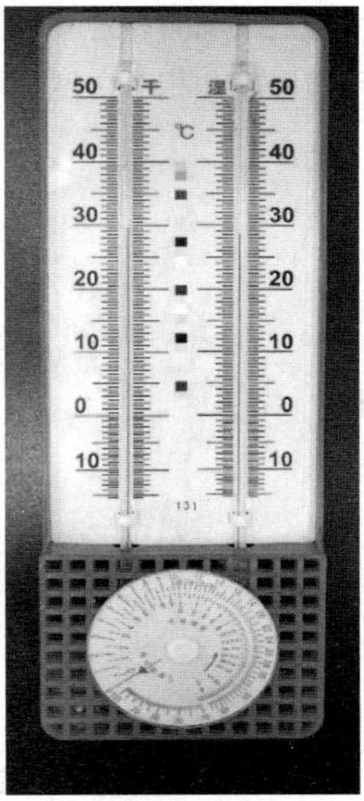

图 1.1-4　干湿球温度计

（2）使用方法

①使用前检查纱布是否有异物、是否干净，如有异物或者不干净，须换纱布。

②在湿球温度计后面的水槽里装水润湿纱布。

③5～15 min 后，待温度稳定后分别读取干球温度和湿球温度。

④转动干湿球温度计下面的圆盘，使干球温度和湿球温度重合，下面的指针则指示相对湿度。

2. WS-1 型毛发温湿度计

（1）工作原理

人的头发有一种特性，其吸收空气中水汽的量是随相对湿度的增大而增加的，而毛发的长短又与其所含水分的量有关。正常毛发在干的时候，约可伸展 20%；在湿的时候，约可伸展 40%。利用这一变化即可制造毛发温湿度计。用酒精等将头发洗净除油脂，将头发的一端固定，而另一端挂一个小砝码，为能够看清楚头发长短的变化，将头发绕过一个滑轮，同时在滑轮上安一个长指针。由于砝码本身的重量作用，而使头发紧紧地压在滑轮上。当头发伸长时，滑轮就做顺时针方向转动，并带动指针沿弧形向下偏转；而当头发缩短时，指针则向上转动。设定空气完全干燥时，指针所指的位置为 0；空气中水蒸气达到饱和状态时，指针所指的地方算作 100。用干湿球温度计与其相核对，对照出度数，这样即可直接测出空气的相对湿度。其温度测定的作用原理是利用盘状热双金属片随环境温度的变化而产生的角度位移带动温度指针转动。该仪表为圆盒结构（如图 1.1-5），体积小、重量轻、坚固耐用，便于携带和安装。适用于气象观测和仓库、医院、科研、农业、工矿企业、实验室、空调机房等各种需要测定环境温度和相对湿度的场所。

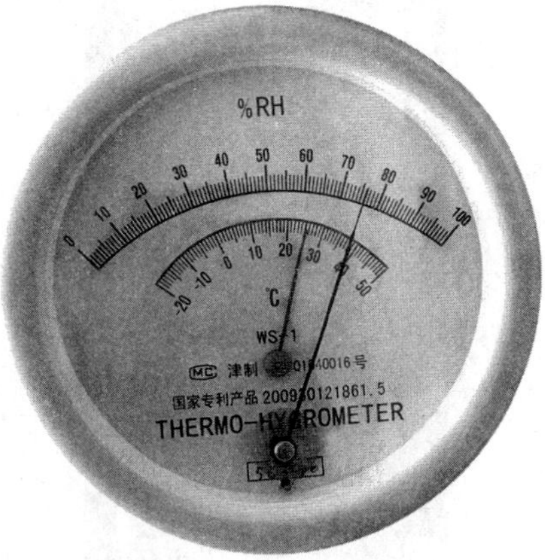

图 1.1-5 WS-1 型毛发温湿度计

（2）使用方法

可悬挂于墙上使用，也可水平放置使用。将毛发温湿度计取出放置 15 min 左右，待读数稳定后读取温度、湿度。

（3）注意事项

①此仪表要置于自然通风处，远离冷源、热源，避免聚热。在露天情况下使用时，为避免温度影响，该仪表不应在太阳光直接照射下使用，并避免雨水淋湿。

②使用环境应清洁少尘，沾染灰尘会影响示值准确度。

③不要直接接触蒸汽，也不要用嘴哈气，否则会使器件内结露，造成示值漂移。

项目二　环境空气质量监测

思政导读：党的十八大以来，以习近平同志为核心的党中央以前所未有的力度抓生态文明建设，党的十八大将生态文明建设纳入中国特色社会主义事业“五位一体”总体布局，“美丽中国”成为生态文明建设的远景目标；党的十九大把“污染防治攻坚战”列为决胜全面建成小康社会的三大攻坚战之一。近十年来，我国的生态环境状况实现了历史性的转折，生态环境监测事业迅速发展，习近平总书记亲自主持审议通过了关于生态环境监测网络建设、省以下环保机构监测监察执法垂直管理、提高环境监测数据质量等三份重要改革文件，基本搭建形成了生态环境监测管理和制度体系的“四梁八柱”，生态环境监测的认识高度、推进力度前所未有，各项工作取得了明显进展。如今，灰霾天气越来越少，蓝天白云越来越多，一组组监测数据实打实地证明了这一切，《大气污染防治行动计划》第一阶段目标已全面完成，《打赢蓝天保卫战三年行动计划》也圆满收官，“十三五”期间我国的空气质量改善取得看得见、摸得着的实际成效。习近平总书记在党的二十大报告中指出，我们要推进美丽中国建设，牢固树立和践行绿水青山就是金山银山的理念，站在人与自然和谐共生的高度谋划发展。

为贯彻落实《中共中央 国务院关于深入打好污染防治攻坚战的意见》，建立完善现代化生态环境监测体系，强化“监测先行、监测灵敏、监测准确”，以更高标准保证监测数据“真、准、全、快、新”，有力支持生态环境质量持续改善和减污降碳协同增效，生态环境部会同有关部门组织编制了《“十四五”生态环境监测规划》。根据《“十四五”生态环境监测规划》，我们要聚焦协同控制，深化大气环境监测，持续改善大气环境质量，支撑实现“强化多污染物协同控制和区域协同治理，加强细颗粒物和臭氧协同控制，基本消除重污染天气”等新目标。

本项目实训依据最新的标准规范要求，介绍了环境空气中二氧化氮（NO_2）、二氧化硫（SO_2）、臭氧（O_3）、总悬浮颗粒物（TSP）、PM_{10}/$PM_{2.5}$、铅等环境空气质量监测常规项目的手工监测分析方法，有助于学生工作后更好地开展环境空气自动监测比对、环境影响评价监测等，为我国加强细颗粒物和臭氧协同控制、基本消除重污染天气贡献力量。

实训一　大气采样器的使用及其校准

一、实训目的

1. 认识大气采样器的结构和组成，正确连接大气采样气路。
2. 掌握大气采样器的使用方法。
3. 掌握使用皂膜流量计校准大气采样器的方法。

二、实训任务与要求

1. 做好实训预习工作，完成技能考核与评价表相关内容。
2. 根据实训任务准备实训器材。
3. 根据仪器使用说明书，练习两种大气采样器的采样时间设置、开机、流量计的调节等操作，熟练掌握大气采样器的使用方法。
4. 根据仪器使用说明书，连接大气采样器和综合校准装置中的皂膜流量计，利用皂膜流量计进行校准，平行校准 3 次，规范记录和处理实训数据，计算转子流量计的误差。

注：本实训内容的编写以相应的仪器使用说明书为依据。

三、仪器设备

1. TH-110F 型便携式大气采样器。
2. 2050 型空气/智能 TSP 综合采样器。
3. 7040 型便携式气体、粉尘、烟尘采样仪综合校准装置。

四、实训操作

实训视频：TH-110F 型便携式大气采样器的使用

（一）TH-110F 型便携式大气采样器的使用

1. TH-110F 型便携式大气采样器操作流程

（1）打开三脚架，将仪器安装在三脚架上。

（2）按照图 2.1-1 所示装上干燥瓶及采样瓶，连好气路，接通电源。

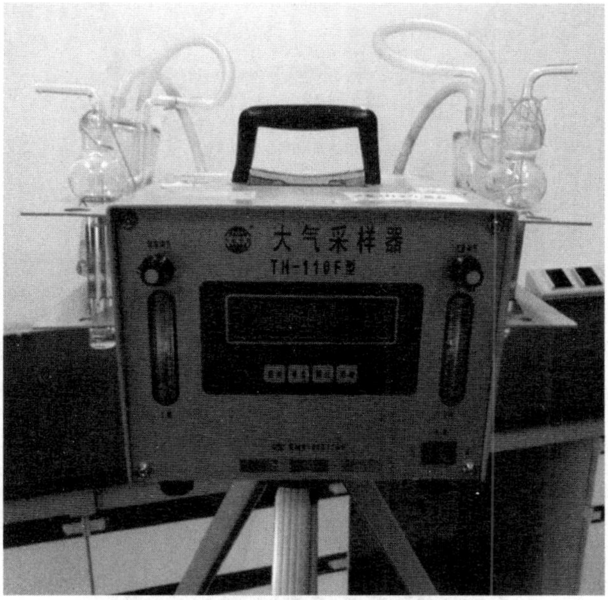

图 2.1-1　大气采样器连接示意

（3）设置参数

开机仪器显示 1C：00：30，调节 I 气路的采样时间，配合使用“移位”“递增”键，可预置 I 路泵采样时间（如图 2.1-2）。

按“设定”键，显示 2C：00：30，调节 II 气路的采样时间，配合使用“移位”“递增”键，可预置 II 路泵采样时间（如图 2.1-3）。

按“设定”键，显示 CC：00：05，在此项中可设置延时开机时间（即在仪器内置标准时间基础上往后延迟一定的时间自动开机采样）（如图 2.1-4）。

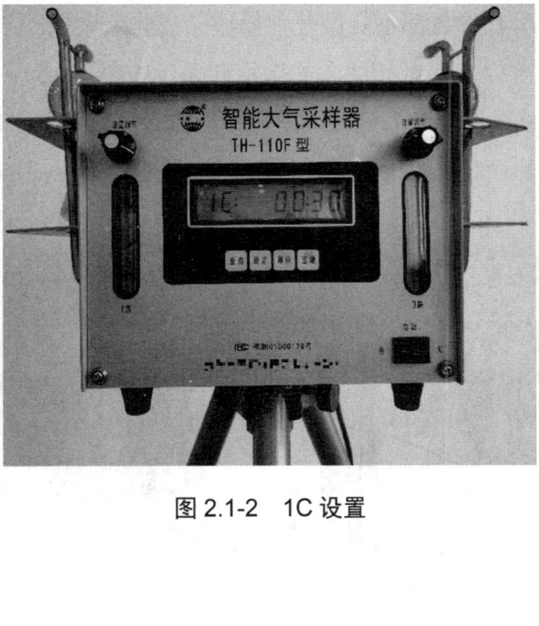

图 2.1-2　1C 设置

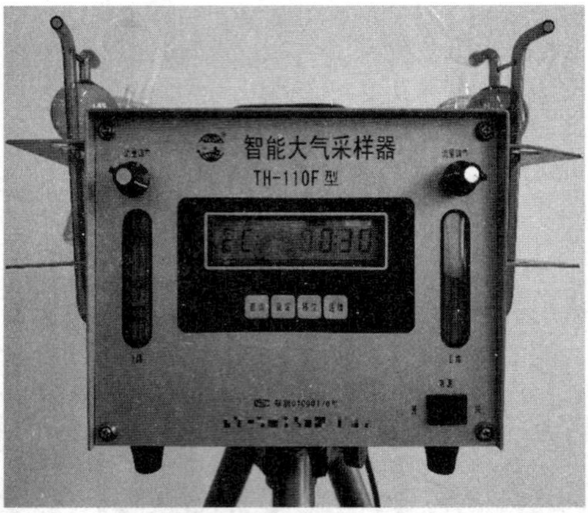

图 2.1-3　2C 设置

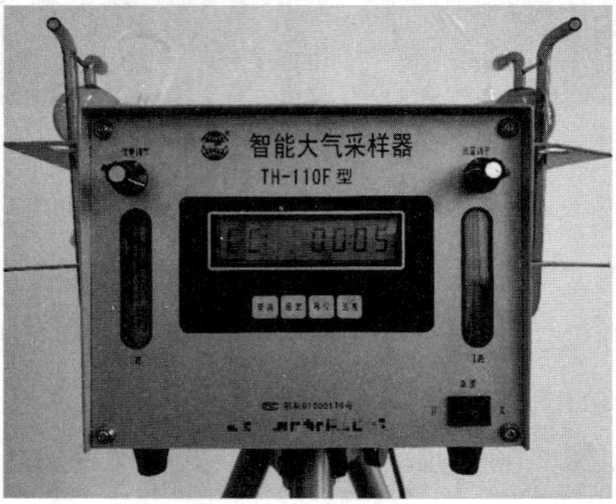

图 2.1-4　CC 设置

按“设定”键，显示 CR：0000，此项（不能修改）显示为仪器内置标准时间，开机即自动走时。注意：至此所有参数都不能做任何修改，在此项中按一下“移位”键，可立即按照设定的采样时间开机采样，流量计侧面的指示灯亮（如图 2.1-5），调节流量调节旋钮，设置好采样流量（转子的直径部分对着刻度线即为相应流量值，如图 2.1-6 所示），采样即开始。

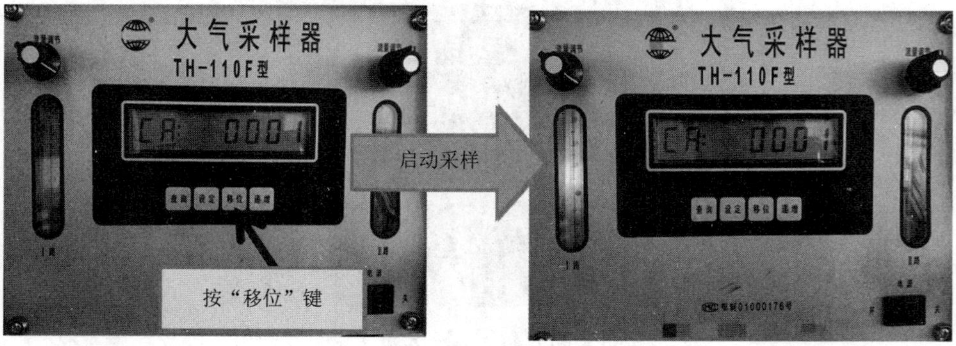

图 2.1-5　启动采样

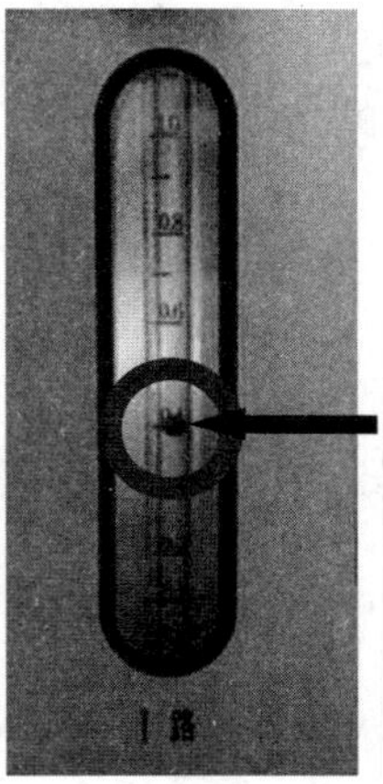

图 2.1-6　调节流量

按“查询”键，显示 1L：00：00，指Ⅰ气路的采样时间；再按“查询”键，显示 2L：00：00，指Ⅱ气路的采样时间；再按“查询”键，显示 CC：00：05，指延时开机时间。

2. 注意事项

（1）当仪器显示“LLLLLL”时，仪器自动停止采样工作，但本次采样数据有效，须及时充电，否则影响正常采样工作。

（2）防止采样吸收液进入仪器中，须在采样瓶与仪器进气嘴之间串接一个缓冲干燥瓶。

（3）若仪器长时间不用，在使用前应对仪器进行充电。

（4）更换的保险管在 1～2 A（额定电流）中选取。

（5）注意保持仪器的清洁及配件的齐全。

（6）本仪器不能用于易燃易爆场所。

3. 维修保养

（1）仪器不能进水、进吸收液，禁摔。

（2）出现泵损坏、时控板损坏等硬件故障时应及时与技术人员联系，不能随意拆开处理。

（3）保持仪器的清洁与配件的齐全。

（二）2050 型空气/智能 TSP 综合采样器的使用

实训视频：2050 型空气/智能 TSP 综合采样器的使用

1. 采样前准备

（1）选择干燥、避阳处，将采样器放置平稳或放置在三脚支架上。

（2）各干燥器内装入具有充分干燥能力的变色硅胶，数量约占干燥器容积的 3/4，拧紧使其不漏气，放入干燥器槽内。

（3）按相关采样标准，将吸收瓶内装入定量吸收液后放在吸收瓶架上。

（4）确认电源为交流 220 V 后，接通电源线，打开电源开关，查看采样器自检时屏幕有没有错误提示。若有，应修好后再使用。

（5）气路连接管不应折弯过大，以防气路被堵死；正确连接气路，防止引起试液倒吸，损坏主机。

2. 开机显示

开机后，照明灯点亮，采样器进入初始状态，进行自检，并显示采样器型号、名称、版本号。自检正常后，自动对传感器进行校零。采样器开机校零结束后自动进入大气采样操作菜单。

3. 大气采样

（1）大气采样气路连接

按照图 2.1-7 所示进行大气采样气路连接。

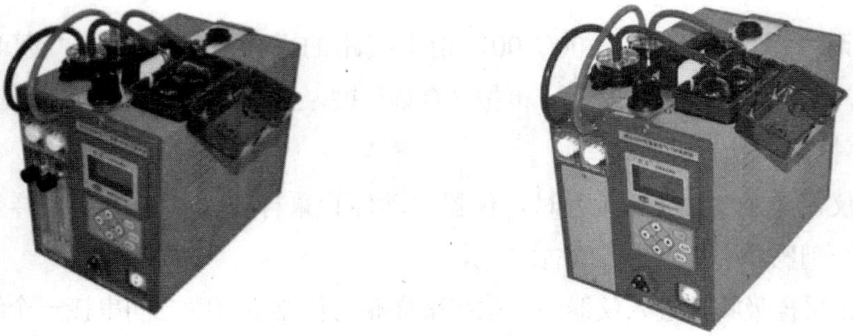

（a）转子流量计型采样器　　（b）电子流量计型采样器

图 2.1-7　大气采样气路连接

（2）设置

在主菜单状态，将光标移动到“①设置”选项，按“确定”键进入“大气设置”菜单，将光标移动到需要修改的项，按“确定”键，操作上、下、左、右键进行修改，修改完毕后按“确定”键保存其修改（如图 2.1-8）。

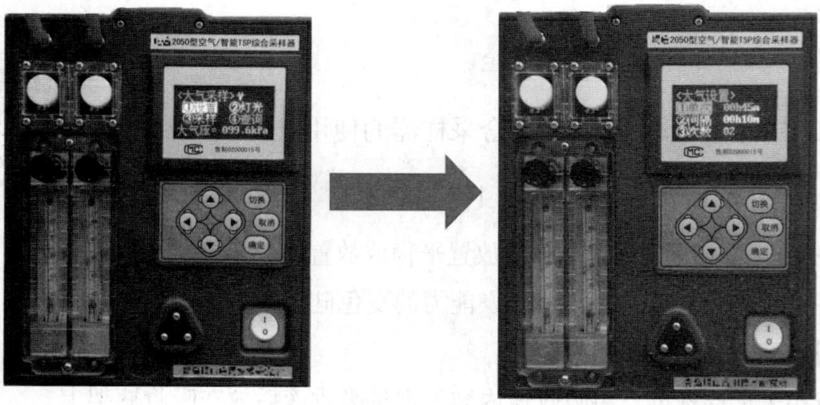

图 2.1-8　大气采样模式设置

采样模式分为“非间隔采样”和“间隔采样”两种。

①非间隔采样设置：“单次”采样时间应大于 0 min，“间隔”采样时间应为 0 min，“次数”为 1 次。

②间隔采样设置：“单次”采样时间应大于 0 min，“间隔”采样时间应大于 0 min，“次数”应大于或等于 2 次。

（3）校零（适用于电子流量计型的采样器）

在采样前应先将光标移动到“②校零”选项，按“确定”键进入“大气校零”界面。

（4）采样

进入“③采样”菜单，设置即时采样和定时采样（如图 2.1-9）。

（5）查询

进入“④查询”菜单，显示的是最后一次采样的数据，包括文件号、累计采样时长、采样日期和采样时间（如图 2.1-10）。

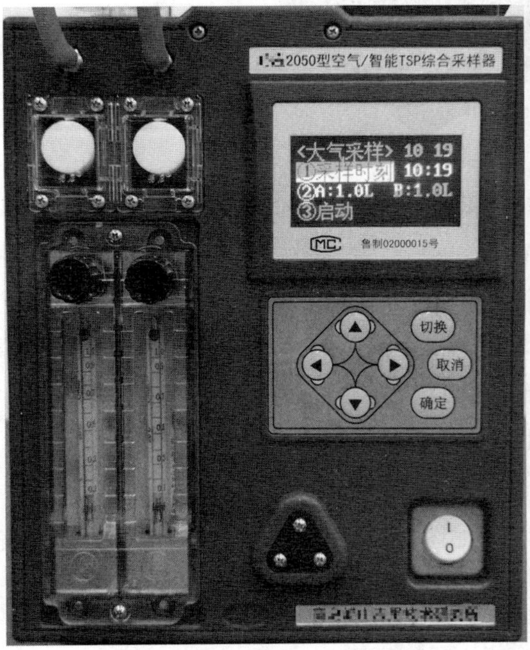

图 2.1-9　大气采样设置

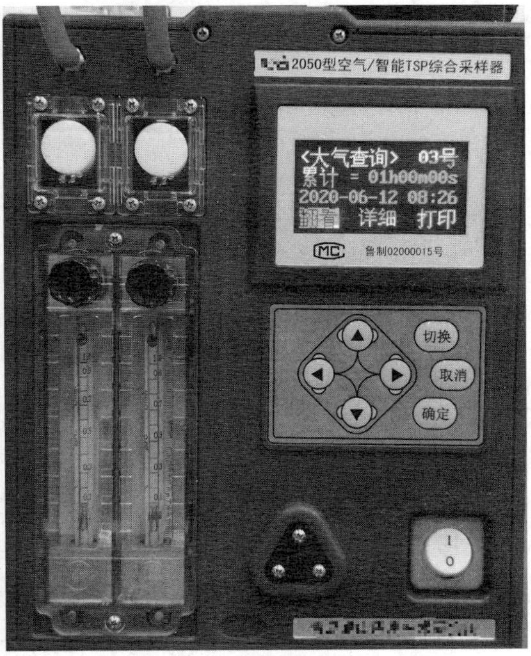

图 2.1-10　数据查询

（三）大气采样器流量的校准

本实训采用 7040 型便携式气体、粉尘、烟尘采样仪综合校准装置上配备的皂膜流量计对 2050 型空气/智能 TSP 综合采样器的流量进行校准。

实训视频：大气采样器的校准（综合校准装置）

实训视频：大气采样器的校准（智能电子皂膜流量计）

1. 校准前准备

（1）将洗洁精和去离子水按一定比例混合，配制一定量的皂液。

（2）校准装置水平放置，用胶头滴管经由皂膜管进气口加入适量的皂液。

（3）将被校准仪器（2050 型空气/智能 TSP 综合采样器）的流量进行校零。

（4）用硅胶管将被校准仪器的进气端与皂膜管的出气端连接（如图 2.1-11）。

图 2.1-11　用皂膜流量计校准时校准装置与被校准仪器的连接

2. 开关机操作

若校准装置使用外部交流适配器工作，在主机未开机时，接入外部电源后，在校准装置关机状态一直按住电源键，校准装置开机进入自检状态。

开机状态下，持续按住电源键，则可关机。

3. 流量校准

（1）校准装置开机自检完毕进入显示主界面（如图 2.1-12），主界面 4 个图标分别代表系统的皂膜流量、皮膜流量、中流量、大流量 4 种流量测量模式。

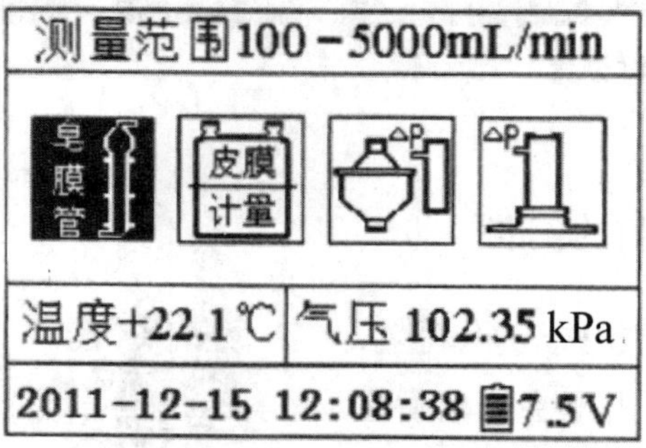

图 2.1-12　开机主界面

（2）通过左右键将光标移动到“皂膜管”图标，按“OK”键进入皂膜流量计校准界面（如图 2.1-13）。

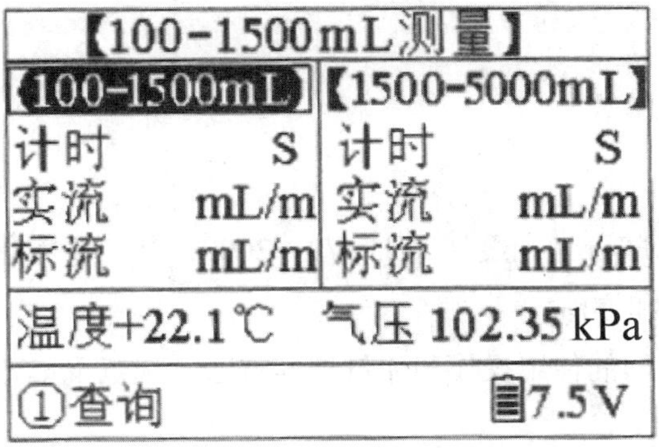

图 2.1-13　皂膜流量计校准界面

（3）启动被校准仪器，调节至需校准的流量（如 0.5 L/min）。

（4）待其流量稳定后，挤压皂膜管的胶头，形成单片平整皂膜（如图 2.1-14），校准仪自动记录皂膜上升的时间，换算成实际流量，根据温度、压力换算成标准状况下的流量。界面显示实际流量、标况流量、环境温度和环境气压等参数，并自动保存校准数据。

注意读取单片平整皂膜显示的流量值。

图 2.1-14　单片平整皂膜

4. 误差计算

对比校准仪和被校准采样器的流量，计算误差，误差绝对值不大于 5%，则被校准采样器的流量计可用。计算公式如下：

$$流量测量误差（\%）=\frac{校准仪实测值-采样器设定流量值}{采样器设定流量值}\times 100 \qquad (2.1\text{-}1)$$

实训二　环境空气中二氧化氮的测定

一、实训目的

1. 掌握盐酸萘乙二胺分光光度法（HJ 479—2009）测定环境空气中二氧化氮浓度的原理和方法。

2. 熟练掌握采样仪器的使用操作和流量校准方法，规范采集环境空气中的二氧化氮样品。

3. 熟练掌握分光光度计的使用方法，按标准要求完成标准曲线的绘制及样品的测定分析。

4. 理解并掌握环境空气中二氧化氮浓度的计算方法，并对测定结果进行评价。

标准文本：《环境空气　氮氧化物（一氧化氮和二氧化氮）的测定　盐酸萘乙二胺分光光度法》（HJ 479—2009）及修改单

二、实训任务与要求

1. 配制试剂，并根据实训任务准备实训器材。
2. 做好实训预习工作，完成技能考核与评价表相关内容。
3. 规范采集环境空气中的二氧化氮样品，正确填写现场采样记录。
4. 按标准要求绘制标准曲线，并完成样品的测定分析。
5. 规范记录和处理实训数据，进行结果计算与评价，并完成技能考核习题。

三、方法原理

用冰乙酸、对氨基苯磺酸和盐酸萘乙二胺配成吸收液。空气中的二氧化氮被吸收瓶中的吸收液吸收后，首先生成亚硝酸和硝酸。其中，亚硝酸与吸收液中的对氨基苯磺酸进行重氮化反应，再与*N*-（l-萘基）乙二胺盐酸盐作用，生成粉红色的偶氮染料，其颜色深浅与空气中的二氧化氮浓度成正比，根据颜色深浅比色定量。在波长540 nm处，测定吸光度。

四、实训准备

（一）配制试剂

除非另有说明，分析时均使用符合国家标准或专业标准的分析纯试剂和无亚硝酸根的蒸馏水、去离子水或相当纯度的水。

实训视频：二氧化氮的测定——配制试剂

1. 冰乙酸。

2. *N*-（1-萘基）乙二胺盐酸盐贮备液，$\rho\,[C_{10}H_7NH(CH_2)_2NH_2\cdot 2HCl]=1.00\ g/L$：称取

0.50 g *N*-（1-萘基）乙二胺盐酸盐于 500 mL 容量瓶中，用水溶解稀释至刻度。此溶液储于密闭的棕色瓶中，在冰箱中冷藏，可稳定保存 3 个月。

3. 显色液：称取 5.0 g 对氨基苯磺酸（$NH_2C_6H_4SO_3H$）溶解于约 200 mL 40～50℃热水中，将溶液冷却至室温，全部移入 1 000 mL 容量瓶中，加入 50 mL *N*-（1-萘基）乙二胺盐酸盐贮备溶液和 50 mL 冰乙酸，用水稀释至刻度。此溶液储于密闭的棕色瓶中，在 25℃以下暗处存放，可稳定保存 3 个月。若溶液呈现淡红色，应弃之重配。

4. 吸收液：使用时将显色液和水按 4∶1（*V*/*V*）比例混合，即为吸收液。吸收液的吸光度应小于或等于 0.005。

5. 亚硝酸盐标准贮备液，ρ（NO_2^-）=250 μg/mL：准确称取 0.375 0 g 亚硝酸钠（$NaNO_2$，优级纯，使用前在 105℃±5℃下干燥至恒重）溶于水，移入 1 000 mL 容量瓶中，用水稀释至标线。此溶液储于密闭棕色瓶中于暗处存放，可稳定保存 3 个月。

6. 亚硝酸盐标准工作液，ρ（NO_2^-）=2.5 μg/mL：准确吸取亚硝酸盐标准贮备液 1.00 mL 于 100 mL 容量瓶中，用水稀释至标线。临用时现配。

（二）准备仪器和设备

1. 分光光度计。

2. 大气采样器：流量范围 0.1～1.0 L/min。采样流量为 0.4 L/min 时，相对误差绝对值小于 5%。本实训选择 TH-110F 型大气采样器。

3. 吸收瓶：可装 10 mL、25 mL 或 50 mL 吸收液的多孔玻板吸收瓶，液柱高度不低于 80 mm。吸收瓶的玻板阻力、气泡分散的均匀性及采样效率按 HJ 479—2009 中附录 A 检查。使用棕色吸收瓶或采样过程中吸收瓶外罩黑色避光罩。新的多孔玻板吸收瓶或使用后的多孔玻板吸收瓶应用（1+1）盐酸浸泡 24 h 以上，用清水洗净。本实训选择 10 mL 棕色多孔玻板吸收瓶（如图 2.2-1）。

图 2.2-1　棕色多孔玻板吸收瓶

（三）采样仪器校准

采样前后要用经检定合格的高一级的流量计在采样负载条件下（即需将吸收瓶串联在大气采样机上）校准采样系统的采样流量，取两次校准的平均值作为采样流量的实际值。校准时的大气压与温度应与采样时相近，两次校准的误差绝对值不得超过 5%。具体可参照项目二中实训一的相关内容对大气采样器进行校准。

五、样品采集与保存

实训视频：二氧化氮的测定——样品采集

（一）采样

取一支内装 10.0 mL 吸收液的多孔玻板吸收瓶，用硅橡胶管将吸收瓶串联在大气采样机上，采样连接管线应尽可能短些，任何情况下不得超过 2 m。采样系统的连接遵循“长进短出”的原则，采样时在采样瓶入口端串接一段 15～20 cm 长的硅橡胶管，以 0.4 L/min 流量采气 1 h（或至吸收液呈浅玫瑰红色为止），具体如图 2.2-2 所示。采样过程注意观察吸收液颜色变化，避免因二氧化氮浓度过高而穿透。同时，做好现场采样记录。

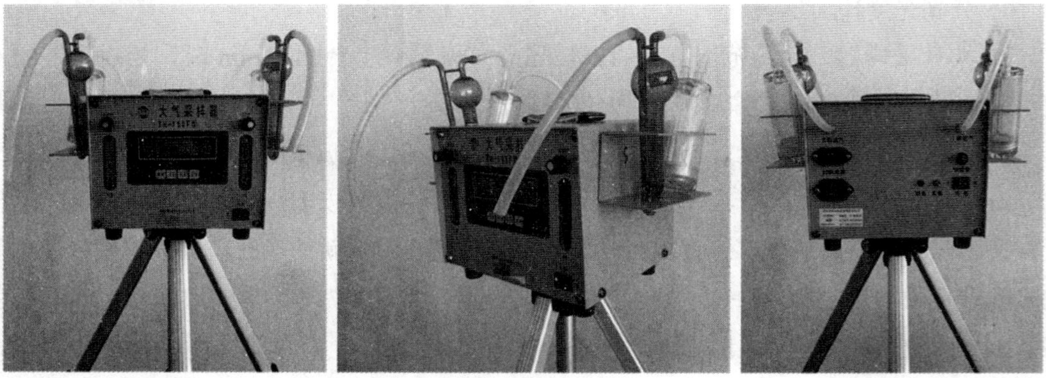

图 2.2-2　采样系统的连接

注：采样期间，样品运输和存放过程中应避免阳光照射。气温超过 25℃时，长时间（8 h 以上）运输和存放样品应采取降温措施。

（二）设置现场空白

装有吸收液的吸收瓶带到采样现场，与样品在相同的条件下保存、运输，直至送交实验室分析，运输过程中应注意防止沾污。

要求每次采样至少做 2 个现场空白。

（三）样品的保存

样品采集、运输及存放过程中避光保存，样品采集后应尽快进行分析测定。若不能及时测定，将样品于低温暗处存放，样品在 30℃暗处存放，可稳定保存 8 h；在 20℃暗处存放，可稳定保存 24 h；在 0～4℃冷藏，至少可稳定保存 3 天。

（四）干扰及消除

空气中二氧化硫质量浓度为氮氧化物质量浓度的 30 倍以上时，对二氧化氮的测定产生负干扰。

空气中过氧乙酰硝酸酯（PAN）对二氧化氮的测定产生正干扰。

空气中臭氧质量浓度超过 0.25 mg/m^3 时，对二氧化氮的测定产生负干扰。

采样时在采样瓶入口端串接一段 15～20 cm 长的硅橡胶管，可排除干扰。

六、分析步骤

实训视频：二氧化氮的测定——分析步骤

（一）标准曲线的绘制

取 6 支 10 mL 具塞比色管，按表 2.2-1 制备亚硝酸盐标准溶液系列。具体操作：根据表 2.2-1 分别移取相应体积的亚硝酸盐标准工作液，加水至 2.00 mL，再加入显色液 8.00 mL。

表 2.2-1　NO_2^-标准溶液系列

管号	0	1	2	3	4	5
标准工作液/mL	0.00	0.40	0.80	1.20	1.60	2.00
水/mL	2.00	1.60	1.20	0.80	0.40	0.00
显色液/mL	8.00	8.00	8.00	8.00	8.00	8.00
NO_2^-质量浓度/（μg/mL）	0.00	0.10	0.20	0.30	0.40	0.50

各管混匀，于暗处放置 20 min（室温低于 20℃时放置 40 min 以上），用 10 mm 比色皿，在波长 540 nm 处，以水为参比测量吸光度，扣除 0 号管的吸光度以后，对应 NO_2^-的质量浓度（μg/mL），用最小二乘法计算标准曲线的回归方程。

标准曲线斜率控制在 0.960～0.978 吸光度·mL/μg，截距控制在 0.000～0.005（以 5 mL 体积绘制标准曲线时，标准曲线斜率控制在 0.180～0.195 吸光度·mL/μg，截距控制在±0.003）。

（二）空白试验

1. 实验室空白试验：取实验室内未经采样的空白吸收液 10 mL，用 10 mm 比色皿，在波长 540 nm 处，以水为参比测定吸光度。实验室空白吸光度 A_0 在显色规定条件下波动范围不超过±15%。

2. 现场空白：同实验室空白试验一样进行吸光度的测定。将现场空白和实验室空白的测量结果相对照，若现场空白与实验室空白相差过大，查找原因，重新采样。

（三）样品测定

采样后放置 20 min（室温低于 20℃时放置 40 min 以上），用水将采样瓶中吸收液的体积补充至标线，混匀。用 10 mm 比色皿，在波长 540 nm 处，以水为参比测量吸光度，同时测定空白样品的吸光度。

若样品的吸光度超过标准曲线的上限，应用实验室空白试液稀释，再测定其吸光度。但稀释倍数不得大于 6。

七、结果表示

1. 将采样体积按式（2.2-1）换算成参比状态下的采样体积：

$$V_r = V_t \times \frac{T_0}{273+t} \times \frac{P}{P_0} \qquad (2.2\text{-}1)$$

式中：V_r —— 参比状态下的采样体积，L；

V_t —— 采样体积，由采样流量乘以采样时间得出，L；

T_0 —— 参比状态下的绝对温度，298.15 K；

P_0 —— 标准状态下的大气压力，101.325 kPa；

P —— 采样时的大气压力，kPa；

t —— 采样时的空气温度，℃。

2. 空气中二氧化氮质量浓度 $\rho(NO_2)$ 按式（2.2-2）计算：

$$\rho(NO_2) = \frac{(A - A_0 - a) \times V \times D}{b \times f \times V_r} \qquad (2.2\text{-}2)$$

式中：$\rho(NO_2)$ ——空气中二氧化氮的质量浓度，mg/m³；

A —— 吸收瓶中样品的吸光度；

A_0 —— 实验室空白的吸光度；

b —— 标准曲线的斜率，吸光度·mL/μg；

a —— 标准曲线的截距；

V —— 采样用吸收液体积，mL；

V_r —— 换算为参比状态（101.325 kPa，298.15 K）下的采样体积，L；

D —— 样品的稀释倍数；

f —— Saltzman 实验系数，0.88（当空气中二氧化氮质量浓度高于 0.72 mg/m^3 时，f 取值 0.77）。

八、质量控制与质量保证

1. 进行实验室空白和现场空白试验。实验室空白和现场空白一批分别做 2 个（每批 20 个样品），结果均应小于方法检出限。此外，实验室空白吸光度 A_0 在显色规定条件下波动范围不超过±15%。将现场空白与实验室空白的测量结果相对照，若现场空白与实验室空白相差过大，查找原因，重新采样。

2. 现场加采不少于 10%的平行样，平行样结果相对偏差≤20%。

3. 采样期间，样品运输和存放过程中应避免阳光照射。气温超过 25℃时，长时间（8 h 以上）运输和存放样品应采取降温措施。

4. 若试验时斜率达不到要求，应检查亚硝酸钠试剂的质量及标准溶液的配制，重新配制标准溶液；如果截距达不到要求，应检查蒸馏水及试剂质量，重新配制吸收液。

5. NO_2 标准气体分析，每一批做 1 个，相对误差绝对值小于 8%。

九、注意事项

1. 配制好的吸收液应是无色的，且避光保存（装在棕色试剂瓶内），以防止光照使吸收液显色或吸收空气中的氮氧化物而使试剂空白值增高；若显微红色，应弃之重配。

2. 亚硝酸钠（固体）应妥善保存，或分装成小瓶进行试验，防止被空气氧化成硝酸钠。部分氧化成硝酸钠或呈粉末状的试剂不能直接配制标准溶液。

实训三　环境空气中二氧化硫的测定

一、实训目的

标准文本：《环境空气　二氧化硫的测定　甲醛吸收-副玫瑰苯胺分光光度法》（HJ 482—2009）及修改单

1. 掌握甲醛吸收-副玫瑰苯胺分光光度法（HJ 482—2009）测定环境空气中二氧化硫浓度的原理和方法。

2. 熟练掌握滴定操作。

3. 熟练掌握采样仪器的使用操作和流量校准方法，规范采集环境空气中的二氧化硫样品。

4. 熟练掌握分光光度计的使用方法，按标准要求完成标准曲线的绘制及样品的测定分析。

5. 理解并掌握环境空气中二氧化硫浓度的计算方法，并对测定结果进行评价。

二、实训任务与要求

1．做好实训预习工作，完成技能考核与评价表相关内容。

2．配制试剂，并根据实训任务准备实训器材。

3．规范采集环境空气中的二氧化硫样品，正确填写现场采样记录。

4．按标准要求绘制标准曲线，并完成样品的测定分析。

5．规范记录和处理实训数据，进行结果计算与评价，并完成技能考核习题。

三、方法原理

二氧化硫被甲醛缓冲溶液吸收后，生成稳定的羟甲基磺酸加成化合物，在样品溶液中加入氢氧化钠使加成化合物分解，释放出的二氧化硫与副玫瑰苯胺、甲醛反应，生成紫红色化合物，用分光光度计在波长 577 nm 处测量吸光度。

四、实训准备

实训视频：二氧化硫的测定——配制试剂

（一）配制试剂

除非另有说明，分析时均使用符合国家标准的分析纯试剂，实验用水为新制备的蒸馏水或同等纯度的水。

1. 碘酸钾（KIO_3），优级纯，经 110℃干燥 2 h。

2. 氢氧化钠溶液，$c(NaOH)$=1.5 mol/L：称取 6.0 g NaOH，溶于 100 mL 水中。

3. 环己二胺四乙酸二钠溶液，c(CDTA-2Na)=0.05 mol/L：称取 1.82 g 反式 1,2-环己二胺四乙酸[（*trans*-1,2-cyclohexylenedinitrilo）tetraacetic acid，简称 CDTA]，加入氢氧化钠溶液 6.5 mL，用水稀释至 100 mL。

4. 甲醛缓冲吸收贮备液：吸取 36%～38%的甲醛溶液 5.5 mL，CDTA-2Na 溶液 20.00 mL；称取 2.04 g 邻苯二甲酸氢钾，溶于少量水中；将 3 种溶液合并，再用水稀释至 100 mL，储于冰箱可保存 1 年。

5. 甲醛缓冲吸收液；用水将甲醛缓冲吸收贮备液稀释 100 倍。临用时现配。

6. 氨磺酸钠溶液，$\rho(NaH_2NSO_3)$=6.0 g/L：称取 0.60 g 氨磺酸（H_2NSO_3H）置于 100 mL 烧杯中，加入 4.0 mL 氢氧化钠溶液，用水搅拌至完全溶解后稀释至 100 mL，摇匀。此溶液密封可保存 10 天。

7. 碘贮备液，$c(1/2I_2)$=0.10 mol/L：称取 12.7 g 碘（I_2）于烧杯中，加入 40 g 碘化钾和 25 mL 水，搅拌至完全溶解，用水稀释至 1 000 mL，储于棕色细口瓶中。

8. 碘溶液，$c(1/2I_2)$=0.010 mol/L：量取碘贮备液 50 mL，用水稀释至 500 mL，储于棕色细口瓶中。

9. 淀粉溶液，ρ=5.0 g/L：称取 0.5 g 可溶性淀粉于 150 mL 烧杯中，用少量水调成糊状，慢慢倒入 100 mL 沸水，继续煮沸至溶液澄清，冷却后储于试剂瓶中。

10. 碘酸钾基准溶液，$c(1/6\ KIO_3)$=0.100 0 mol/L：准确称取 3.566 7 g 碘酸钾溶于水，移入 1 000 mL 容量瓶中，用水稀释至标线，摇匀。

11. 盐酸溶液，$c(HCl)$=1.2 mol/L：量取 100 mL 浓盐酸，加到 900 mL 水中。

12. 硫代硫酸钠标准贮备液，$c(Na_2S_2O_3)$=0.10 mol/L：称取 25.0 g 硫代硫酸钠（$Na_2S_2O_3 \cdot 5H_2O$），溶于 1 000 mL 新煮沸但已冷却的水中，加入 0.2 g 无水碳酸钠，储于棕色细口瓶中，放置一周后备用。如溶液呈现混浊，必须过滤。

标定方法：吸取 3 份 20.00 mL 碘酸钾基准溶液分别置于 250 mL 碘量瓶中，加 70 mL 新煮沸但已冷却的水，加 1 g 碘化钾，振摇至完全溶解后，加 10 mL 盐酸溶液，立即盖好瓶塞，摇匀。于暗处放置 5 min 后，用硫代硫酸钠标准溶液滴定溶液至浅黄色，加 2 mL 淀粉溶液，继续滴定至蓝色刚好褪去为终点。硫代硫酸钠标准溶液的浓度按式（2.3-1）计算：

$$c_1 = \frac{0.100\,0 \times 20.00}{V} \tag{2.3-1}$$

式中：c_1——硫代硫酸钠标准溶液的浓度，mol/L；

V——滴定所耗硫代硫酸钠标准溶液的体积，mL。

13. 硫代硫酸钠标准溶液，$c(Na_2S_2O_3)\approx$0.01 mol/L：取 50.0 mL 硫代硫酸钠标准贮备液置于 500 mL 容量瓶中，用新煮沸但已冷却的水稀释至标线，摇匀。

14. 乙二胺四乙酸二钠盐（EDTA-2Na）溶液，ρ=0.50 g/L：称取 0.25 g 乙二胺四乙酸二钠盐（$C_{10}H_{14}N_2O_8Na_2 \cdot 2H_2O$）溶于 500 mL 新煮沸但已冷却的水中。临用时现配。

15. 亚硫酸钠溶液，$\rho(Na_2SO_3)$=1 g/L：称取 0.2 g 亚硫酸钠（Na_2SO_3），溶于 200 mL EDTA-2Na 溶液中，缓缓摇匀以防充氧，使其溶解。放置 2～3 h 后标定。此溶液每毫升相当于 320～400 μg 二氧化硫。

标定方法：

a. 取 6 个 250 mL 碘量瓶（A1、A2、A3、B1、B2、B3），在 A1、A2、A3 内各加入 25 mL 乙二胺四乙酸二钠盐溶液，在 B1、B2、B3 内加入 25.00 mL 亚硫酸钠溶液。分别加入 50.0 mL 碘溶液和 1.00 mL 冰乙酸，盖好瓶盖，摇匀。

b. 立即吸取 2.00 mL 亚硫酸钠溶液加到一个已装有 40～50 mL 甲醛吸收液的 100 mL 容量瓶中，并用甲醛吸收液稀释至标线，摇匀。此溶液即为二氧化硫标准贮备溶液，在 4～5℃下冷藏，可稳定保存 6 个月。

c. A1、A2、A3、B1、B2、B3 六个瓶子于暗处放置 5 min 后，用硫代硫酸钠溶液滴定至浅黄色，加 5 mL 淀粉溶液，继续滴定至蓝色刚刚消失。平行滴定所用硫代硫酸钠溶液的体积之差应不大于 0.05 mL。

二氧化硫标准贮备溶液的质量浓度由式（2.3-2）计算：

$$\rho = \frac{(\bar{V}_0 - \bar{V}) \times c_2 \times 32.02 \times 10^3}{25.00} \times \frac{2.00}{100} \quad (2.3\text{-}2)$$

式中：ρ—— 二氧化硫标准贮备溶液的质量浓度，μg/mL；

$\bar{V}_0$—— 空白滴定所用硫代硫酸钠标准溶液的体积，mL；

$\bar{V}$—— 样品滴定所用硫代硫酸钠标准溶液的体积，mL；

c_2—— 硫代硫酸钠标准溶液的浓度，mol/L。

16. 二氧化硫标准溶液，$\rho(SO_2)$ = 1.00 μg/mL：用甲醛吸收液将二氧化硫标准贮备溶液稀释成 1.0 μg/mL 的二氧化硫标准溶液。此溶液用于绘制标准曲线，在 4～5℃下冷藏，可稳定保存 1 个月。

17. 盐酸副玫瑰苯胺（pararosaniline，简称 PRA，即副品红或对品红）贮备液：ρ = 2.0 g/L。其纯度应达到副玫瑰苯胺提纯及检验方法的质量要求（见 HJ 482—2009 中附录 A）。

18. 盐酸副玫瑰苯胺溶液，ρ = 0.50 g/L：吸取 25.00 mL 盐酸副玫瑰苯胺贮备液于 100 mL 容量瓶中，加 30 mL 85%的浓磷酸、12 mL 浓盐酸，用水稀释至标线，摇匀，放置过夜后使用。避光密封保存。

19. 盐酸-乙醇清洗液：由 3 份（1+4）盐酸和 1 份 95%乙醇混合配制而成，用于清洗比色管和比色皿。

（二）准备仪器和设备

1. 分光光度计。

2. 多孔玻板吸收管：10 mL 多孔玻板吸收管，用于短时间采样；50 mL 多孔玻板吸收管，用于 24 h 连续采样。本实训选择 10 mL 多孔玻板吸收管，如图 2.3-1 所示。

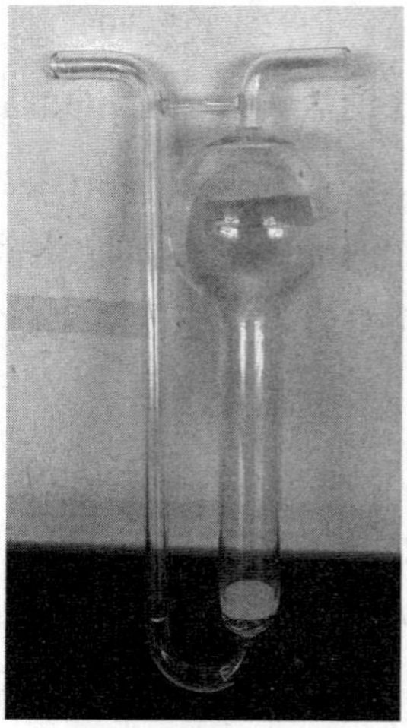

图 2.3-1 多孔玻板吸收管

3. 恒温水浴：0～40℃，控制精度为±1℃。

4. 具塞比色管：10 mL。用过的比色管和比色皿应及时用盐酸-乙醇清洗液浸洗，否则红色难以洗净。

5. 大气采样器：用于短时间采样的普通大气采样器，流量范围 0.1～1 L/min，应具有保温装置。用于 24 h 连续采样的采样器应具有恒温、恒流、计时、自动控制开关的功能，流量范围 0.1～0.5 L/min。本实训采用 2050 型空气/智能 TSP 综合采样器。

6. 一般实验室常用仪器。

（三）采样仪器校准

采样前后要用经检定合格的高一级的流量计在采样负载条件下（即需将吸收瓶串联在大气采样机上）校准采样系统的采样流量，取两次校准的平均值作为采样流量的实际值。校准时的大气压与温度应与采样时相近，两次校准的误差绝对值不得超过 5%。具体可参照项目二中实训一的相关内容对大气采样器进行校准。

五、样品采集

实训视频：二氧化硫的测定——样品采集

（一）采样

采用内装 10 mL 吸收液的多孔玻板吸收管，以 0.5 L/min 的流量采气 45～60 min。吸收液温度保持在 23～29℃。采样系统的连接遵循“长进短出”的原则，如图 2.3-2 所示。

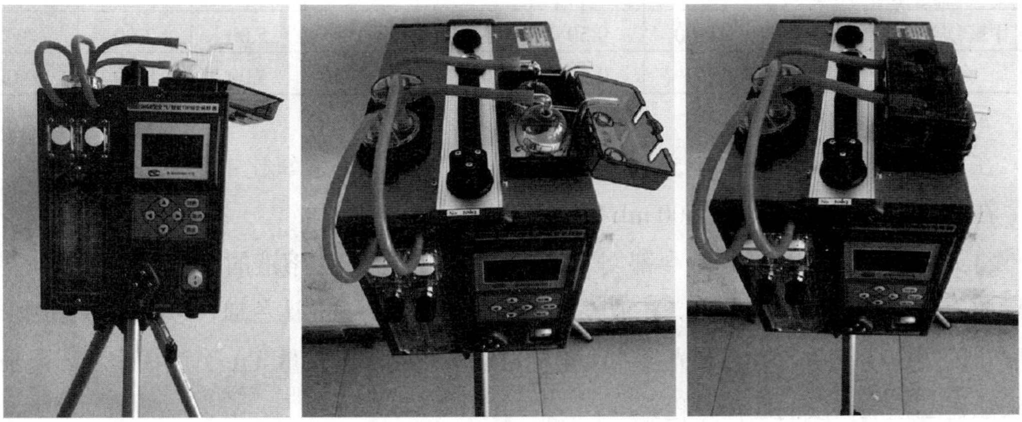

图 2.3-2　采样系统连接

（二）设置现场空白

将装有吸收液的采样管带到采样现场，除不采气外，其他环境条件与样品相同。

注 1：样品采集、运输和储存过程中应避免阳光照射。

注 2：放置在室（亭）内的 24 h 连续采样器，进气口应连接符合要求的空气质量集中采样管路系统，以减少二氧化硫进入吸收瓶前的损失。

（三）干扰及消除

主要干扰物为氮氧化物、臭氧及某些重金属元素。采样后放置一段时间可使臭氧自行分解；加入氨磺酸钠溶液可消除氮氧化物的干扰；吸收液中加入磷酸及环己二胺四乙酸二钠盐可以消除或减少某些重金属离子的干扰。10 mL 样品溶液中含有 50 μg 钙、镁、铁、镍、镉、铜等金属离子及 5 μg 二价锰离子时，对本方法测定不产生干扰。当 10 mL 样品溶液中含有 10 μg 二价锰离子时，可使样品的吸光度降低 27%。

六、分析步骤

实训视频：二氧化硫的测定——分析步骤

（一）校准曲线的绘制

取 14 支 10 mL 具塞比色管，分 A、B 两组，每组 7 支，分别对应编号。A 组按表 2.3-1 配制校准系列。

表 2.3-1　二氧化硫校准系列

管　号	0	1	2	3	4	5	6
二氧化硫标准溶液（1.00 μg/mL）/mL	0	0.50	1.00	2.00	5.00	8.00	10.00
甲醛缓冲吸收液/mL	10.00	9.50	9.00	8.00	5.00	2.00	0
二氧化硫含量/μg	0	0.50	1.00	2.00	5.00	8.00	10.00

在 A 组各管中分别加入 0.5 mL 氨磺酸钠溶液和 0.5 mL 氢氧化钠溶液，混匀。

在 B 组各管中分别加入 1.00 mL PRA 溶液。

将 A 组各管的溶液迅速地全部倒入对应编号并盛有 PRA 溶液的 B 管中，立即加塞混匀后放入恒温水浴装置中显色。在波长 577 nm 处，用 10 mm 比色皿，以水为参比测量吸光度。以空白校正后各管的吸光度为纵坐标，以二氧化硫的含量（μg）为横坐标，用最小二乘法建立校准曲线的回归方程。

显色温度与室温之差不应超过 3℃。根据季节和环境条件按表 2.3-2 选择合适的显色温度与显色时间。

表 2.3-2　显色温度与显色时间

显色温度/℃	10	15	20	25	30
显色时间/min	40	25	20	15	5
稳定时间/min	35	25	20	15	10
试剂空白吸光度 A_0	0.030	0.035	0.040	0.050	0.060

（二）空白试验

1. 实验室空白试验：取实验室内未经采样的空白吸收液 10 mL，按照标准曲线绘制步骤，分别加入 0.5 mL 氨磺酸钠溶液和 0.5 mL 氢氧化钠溶液，混匀，即得到实验室空白 A 组管。再另外准备分别内装 1.00 mL PRA 溶液的 B 组管，将实验室空白 A 组各管的溶液迅速地全部倒入对应编号并盛有 PRA 溶液的 B 管中，立即加塞混匀后放入恒温水浴装置中显色。在波长 577 nm 处，用 10 mm 比色皿，以水为参比测量吸光度。实验室空白吸光度 A_0 在显色规定条件下波动范围不超过±15%。

2. 现场空白：同实验室空白试验一样进行吸光度的测定。将现场空白与实验室空白的测量结果相对照，若现场空白与实验室空白相差过大，查找原因，重新采样。

（三）样品测定

样品溶液中如有浑浊物，则应离心分离除去。

样品放置 20 min，以使臭氧分解。

短时间采集的样品：将吸收管中的样品溶液移入 10 mL 比色管中，用少量甲醛吸收液洗涤吸收管，洗液并入比色管中并稀释至标线。加入 0.5 mL 氨磺酸钠溶液，混匀，放置 10 min 以除去氮氧化物的干扰，再加入 0.5 mL 氢氧化钠溶液，混匀，即得到样品 A 组管。再另外准备分别内装 1.00 mL PRA 溶液的 B 组管，将样品 A 组各管的溶液迅速地全部倒入对应编号并盛有 PRA 溶液的 B 管中，立即加塞混匀后放入恒温水浴装置中显色。在波长 577 nm 处，用 10 mm 比色皿，以水为参比测量吸光度。

七、结果表示

1. 将采样体积按公式换算成参比状态下的采样体积。

2. 空气中二氧化硫的质量浓度按式（2.3-3）计算：

$$\rho(SO_2)=\frac{A-A_0-a}{b\times V_r}\times\frac{V_t}{V_a} \qquad (2.3\text{-}3)$$

式中：$\rho(SO_2)$——空气中二氧化硫的质量浓度，mg/m^3；

A——样品溶液的吸光度；

A_0——试剂空白溶液的吸光度；

b——校准曲线的斜率，吸光度/μg；

a——校准曲线的截距（一般要求小于 0.005）；

V_t——样品溶液的总体积，mL；

V_a——测定时所取试样的体积，mL；

V_r——换算成参比状态下（101.325 kPa，298.15 K）的采样体积，L。

计算结果精确到小数点后 3 位。

八、质量控制与质量保证

1. 每批样品至少分别测定 2 个现场空白和实验室空白，结果小于方法检出限。

2. 当空气中二氧化硫浓度高于测定上限时，可以适当减少采样体积或者减少试料的体积。

3. 现场加采不少于 10%的平行样，平行样结果相对偏差≤20%。

4. 进行加标回收实验，每一批做 1 个，回收率为 96.8%～108.2%。

5. 如果样品溶液的吸光度超过标准曲线的上限，可用试剂空白液稀释，在数分钟内再测定吸光度，但稀释倍数应不大于 6。

6. 显色温度低，显色慢，稳定时间长；显色温度高，显色快，稳定时间短。操作人员必须了解显色温度、显色时间和稳定时间的关系，严格控制反应条件。

7. 测定样品时的温度与绘制校准曲线时的温度之差应不超过 2℃。

8. 在给定条件下校准曲线斜率应为 0.042±0.004，试剂空白吸光度 A_0 在显色规定条件下波动范围不超过±15%。

9. 显色反应需在酸性溶液中进行，应将含样品（或标准）溶液、吸收液的 A 组管溶液迅速倒入装有强酸性的 PRA 溶液的 B 组管中，使混合液在瞬间呈酸性，以利于反应的进行，倒完控干片刻，以免影响测定的精确度。

10. 硫代硫酸钠标准溶液和亚硫酸钠溶液使用前均须标定。

九、注意事项

1. 多孔玻板吸收管的阻力为（6.0±0.6）kPa，2/3 玻板面积发泡均匀，边缘无气泡逸出。

2. 采样时吸收液的温度为 23～29℃时，吸收效率为 100%；10～15℃时，吸收效率偏低 5%；高于 33℃或低于 9℃时，吸收效率偏低 10%。

3. 六价铬能使紫红色络合物褪色，产生负干扰，故应避免用硫酸-铬酸洗液洗涤玻璃器皿。若已用硫酸-铬酸洗液洗涤，则需用盐酸溶液（1+1）浸洗，再用水充分洗涤。

4. 采样时应注意检查采样系统的气密性、流量、恒温温度，及时更换干燥剂及限流孔前的过滤膜，用皂膜流量计校准流量，做好采样记录。

5. 在分析环境空气样品时，PRA 溶液的纯度对试剂空白液的吸光度影响很大。用该标准方法提纯 PRA，试剂空白值显著下降。可使用精制的商品 PRA 试剂。

6. 氢氧化钠固体试剂及溶液易吸收空气中二氧化硫，使试剂空白值升高，因此，应密封保存。显色用各试剂溶液配制后最好分装成小瓶使用，操作中注意保持各溶液的纯净，防止交叉污染。

实训四　环境空气中臭氧的测定

一、实训目的

1. 掌握靛蓝二磺酸钠分光光度法（HJ 504—2009）测定环境空气中臭氧浓度的原理和方法。

2. 熟练掌握滴定操作。

3. 熟练掌握采样仪器的使用操作和流量校准方法，规范采集环境空气中的臭氧样品。

标准文本：《环境空气　臭氧的测定　靛蓝二磺酸钠分光光度法》（HJ 504—2009）及修改单

4. 熟练掌握分光光度计的使用方法，按标准要求完成标准曲线的绘制及样品的测定分析。

5. 理解并掌握环境空气中臭氧浓度的计算方法，并对测定结果进行评价。

二、实训任务与要求

1. 做好实训预习工作，完成技能考核与评价表相关内容。

2. 配制试剂，并根据实训任务准备实训器材。

3. 规范采集环境空气中的臭氧样品，正确填写现场采样记录。

4. 按标准要求绘制标准曲线，并完成样品的测定分析。

5. 规范记录和处理实训数据，进行结果计算与评价，并完成技能考核习题。

三、方法原理

环境空气中的臭氧在磷酸盐缓冲溶液存在下，与吸收液中蓝色的靛蓝二磺酸钠进行等摩尔反应，褪色生成靛红二磺酸钠，在波长 610 nm 处测量吸光度，根据蓝色减褪的程度定量环境空气中臭氧的浓度。

四、实训准备

实训视频：臭氧的测定——配制试剂

（一）试剂配制

除非另有说明，本实训所用试剂均为符合国家标准的分析纯化学试剂，实验用水为新制备的去离子水或蒸馏水。

1. 溴酸钾标准贮备溶液，$c(1/6\ KBrO_3)$=0.100 0 mol/L：准确称取 1.391 8 g 溴酸钾（优级纯，180℃烘 2 h），置烧杯中，加入少量水溶解，移入 500 mL 容量瓶中，用水稀释至标线。

2. 溴酸钾-溴化钾标准溶液，$c(1/6\ KBrO_3)$= 0.010 0 mol/L：吸取 10.00 mL 溴酸钾标准贮备溶液于 100 mL 容量瓶中，加入 1.0 g 溴化钾（KBr），用水稀释至标线。

3. 硫代硫酸钠标准贮备溶液，$c(Na_2S_2O_3)$= 0.100 0 mol/L。

4. 硫代硫酸钠标准工作溶液，$c(Na_2S_2O_3)$= 0.005 00 mol/L：临用前，取硫代硫酸钠标准贮备溶液用新煮沸并冷却至室温的水准确稀释 20 倍。

5. 硫酸溶液，1+6。

6. 淀粉指示剂溶液，ρ =2.0 g/L：称取 0.20 g 可溶性淀粉，用少量水调成糊状，慢慢倒入 100 mL 沸水，煮沸至溶液澄清。

7. 磷酸盐缓冲溶液，$c(KH_2PO_4\text{-}Na_2HPO_4)$=0.050 mol/L：称取 6.8 g 磷酸二氢钾（KH_2PO_4）、7.1 g 无水磷酸氢二钠（Na_2HPO_4），溶于水，稀释至 1 000 mL。

8. 靛蓝二磺酸钠（$C_{16}H_8O_8Na_2S_2$，简称 IDS），分析纯、化学纯或生化试剂。

9. IDS 标准贮备溶液：称取 0.25 g 靛蓝二磺酸钠溶于水，移入 500 mL 棕色容量瓶内，用水稀释至标线，摇匀，在室温暗处存放 24 h 后标定。此溶液在 20℃以下暗处存放，可稳定保存 2 周。

标定方法：准确吸取 20.00 mL IDS 标准贮备溶液于 250 mL 碘量瓶中，加入 20.00 mL 溴酸钾-溴化钾溶液，再加入 50 mL 水，盖好瓶塞，在 16℃±1℃生化培养箱（或水浴）中放置至溶液温度与水浴温度平衡时①，加入 5.0 mL 硫酸溶液，立即盖塞、混匀并开始计时，于 16℃±1℃暗处放置 35 min±1.0 min 后，加入 1.0 g 碘化钾，立即盖塞，轻轻摇匀至溶解，暗处放置 5 min，用硫代硫酸钠标准工作溶液滴定至棕色刚好褪去呈淡黄色，加入 5 mL 淀粉指示剂溶液，继续滴定至蓝色消褪，终点为亮黄色。记录所消耗的硫代硫酸钠标准工作溶液的体积②。

每毫升靛蓝二磺酸钠溶液相当于臭氧的质量浓度ρ（μg/mL）由式（2.4-1）计算：

$$\rho = \frac{c_1V_1 - c_2V_2}{V} \times 12.00 \times 10^3 \tag{2.4-1}$$

式中：ρ—— 每毫升靛蓝二磺酸钠溶液相当于臭氧的质量浓度，μg/mL；

c_1—— 溴酸钾-溴化钾标准溶液的浓度，mol/L；

V_1—— 加入溴酸钾-溴化钾标准溶液的体积，mL；

c_2—— 滴定时所用硫代硫酸钠标准工作溶液的浓度，mol/L；

V_2—— 滴定时所用硫代硫酸钠标准工作溶液的体积，mL；

V—— IDS 标准贮备溶液的体积，mL；

12.00 —— 臭氧的摩尔质量（1/4 O_3），g/mol。

---

① 达到平衡的时间与温差有关，可以预先用相同体积的水代替溶液，加入碘量瓶中，放入温度计观察达到平衡所需要的时间。

② 平行滴定所消耗的硫代硫酸钠标准溶液体积应不大于 0.10 mL。

10. IDS 标准工作溶液：将标定后的 IDS 标准贮备溶液用磷酸盐缓冲溶液逐级稀释成每毫升相当于 1.00 μg 臭氧的 IDS 标准工作溶液，此溶液于 20℃以下暗处存放，可稳定保存 1 周。

11. IDS 吸收液：取适量 IDS 标准贮备溶液，根据空气中臭氧质量浓度的高低，用磷酸盐缓冲溶液稀释成每毫升相当于 2.5 μg（或 5.0 μg）臭氧的 IDS 吸收液，此溶液于 20℃以下暗处存放，可稳定保存 1 个月。

实训视频：臭氧的测定——IDS 标准贮备溶液的标定

（二）准备仪器和设备

实训视频：臭氧的测定——IDS 标准工作溶液和 IDS 吸收液的配制

除非另有说明，分析时均使用符合国家 A 级标准的玻璃量器。

1. 大气采样器：流量范围 0.0～1.0 L/min，流量稳定。本实训选择 2050 型空气/智能 TSP 综合采样器。

2. 多孔玻板吸收管：内装 10 mL 吸收液，以 0.50 L/min 流量采气，玻板阻力应为 4～5 kPa，气泡分散均匀。

3. 具塞比色管：10 mL。

4. 生化培养箱或恒温水浴：温控精度为±1℃。

5. 水银温度计：精度为±0.5℃。

6. 分光光度计：具 20 mm 比色皿，可于波长 610 nm 处测量吸光度。

7. 一般实验室常用玻璃仪器。

（三）采样仪器校准

采样前后要用经检定合格的精度更高一级的流量计在采样负载条件下（即需将吸收瓶串联在大气采样机上）校准采样系统的采样流量，取两次校准的平均值作为采样流量的实际值。校准时的大气压与温度应与采样时相近，两次校准的误差不得超过 5%。具体可参照项目二中实训一的相关内容对大气采样器进行校准。

五、样品采集与保存

（一）样品采集与保存

实训视频：臭氧的测定——样品采集

用内装 10.00 mL±0.02 mL IDS 吸收液的多孔玻板吸收管，罩上黑色避光套，以 0.5 L/min 流量采气 5～30 L。本实训采用 2050 型空气/智能 TSP 综合采样器进行采样，其内置采样架可有效避免光照的影响，如图 2.4-1 所示。当吸收液褪色约 60%时（与现场空白样品比较），应立即停止采样。样品在运输及存放过程中应严格避光。当确定空气中臭氧的质量浓度较低、不会穿透时，可以用棕色玻板吸收管采样。

样品于室温暗处存放，至少可稳定保存 3 天。

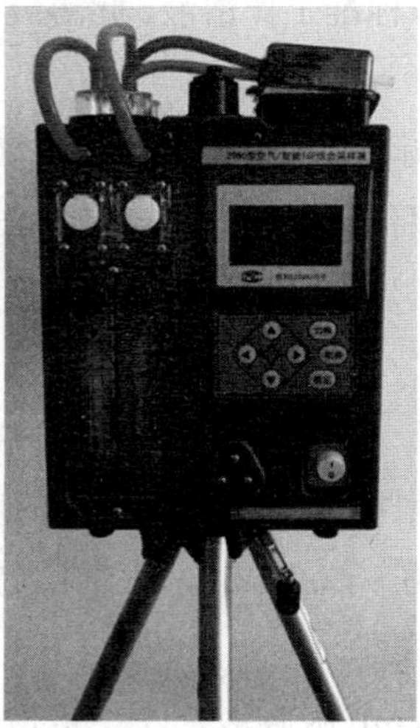

图 2.4-1　采样装置

（二）现场空白样品

用同一批配制的 IDS 吸收液，装入多孔玻板吸收管中，带到采样现场。除不采集空气样品外，其他环境条件保持与采集空气的采样管相同。

每批样品至少带 2 个现场空白样品。

六、分析步骤

实训视频：臭氧的测定——分析步骤

（一）标准曲线绘制

取 10 mL 具塞比色管 6 支，按表 2.4-1 制备标准色列。

表 2.4-1　标准色列

管 号	1	2	3	4	5	6
IDS 标准溶液/mL	10.00	8.00	6.00	4.00	2.00	0.00
磷酸盐缓冲溶液/mL	0.00	2.00	4.00	6.00	8.00	10.0
臭氧质量浓度/（μg/mL）	0.00	0.20	0.40	0.60	0.80	1.00

各管摇匀，用 20 mm 比色皿，以水作参比，在波长 610 nm 下测量吸光度。以校准系列中零浓度管的吸光度（A_0）与各标准色列管的吸光度（A）之差为纵坐标，臭氧质量浓度为横坐标，用最小二乘法计算校准曲线的回归方程：

$$y = bx + a \tag{2.4-2}$$

式中：y —— A_0–A，空白样品的吸光度与各标准色列管的吸光度之差；

x —— 臭氧质量浓度，μg/mL；

b —— 回归方程的斜率，吸光度·mL/μg；

a —— 回归方程的截距。

（二）样品测定

采样后，在吸收管的入气口端串接一个玻璃尖嘴，在吸收管的出气口端用吸耳球加压将吸收管中的样品溶液移入 25 mL（或 50 mL）容量瓶中，用水多次洗涤吸收管，使总体积为 25.0 mL（或 50.0 mL）。用 20 mm 比色皿，以水作参比，在波长 610 nm 下测量吸光度。

七、结果表示

1. 将采样体积按公式换算成参比状态下的采样体积。
2. 空气中臭氧的质量浓度按式（2.4-3）计算：

$$\rho(O_3) = \frac{(A_0 - A - a) \times V}{b \times V_r} \tag{2.4-3}$$

式中：$\rho(O_3)$ —— 空气中臭氧的质量浓度，mg/m^3；

A_0 —— 现场空白样品吸光度的平均值；

A —— 样品的吸光度；

b —— 标准曲线的斜率；

a —— 标准曲线的截距；

V —— 样品溶液的总体积，mL；

V_r —— 换算为参比状态（101.325 kPa、298.15 K）的采样体积，L。

所得结果精确至小数点后 3 位。

八、质量控制与质量保证

1. 每批样品至少设置两个现场空白样品，结果小于方法检出限。
2. 本方法为褪色反应，吸收液的体积直接影响测量的准确度，所以装入采样管中吸收液的体积必须准确，最好用移液管加入。采样后向容量瓶中转移吸收液应尽量完全（少量多次冲洗）。装有吸收液的采样管，在运输、保存和取放过程中应防止倾斜或倒置，避免吸收液损失。
3. 现场加采不少于 10%的平行样，平行样结果相对偏差≤20%。

4. 臭氧标准气体分析，每一批做 1 个，相对误差绝对值小于 5%。

九、注意事项

（一）干扰

空气中的二氧化氮可使臭氧的测定结果偏高，约偏高二氧化氮质量浓度的 6%。

空气中二氧化硫、硫化氢、过氧乙酰硝酸酯（PAN）和氟化氢的质量浓度分别高于 750 μg/m^3、110 μg/m^3、1 800 μg/m^3 和 2.5 μg/m^3 时，干扰臭氧的测定。

空气中氯气、二氧化氯的存在使臭氧的测定结果偏高。但在一般情况下，这些气体的浓度很低，不会造成显著误差。

（二）IDS 标准溶液标定

市售 IDS 不纯，作为标准溶液使用时必须进行标定。用溴酸钾-溴化钾标准溶液标定 IDS 的反应，需要在酸性条件下进行，加入硫酸溶液后反应开始，加入碘化钾后反应即终止。为了避免副反应，使反应定量进行，必须严格控制培养箱（或水浴）温度（16℃±1℃）和反应时间（35 min±1.0 min）。一定要等到溶液温度与培养箱（或水浴）温度达到平衡时再加入硫酸溶液，加入硫酸溶液后应立即盖塞，并开始计时。滴定过程中应避免阳光照射。

实训五　颗粒物采样器的使用及其校准

一、实训目的

1. 认识颗粒物采样器的结构和组成，根据采集的颗粒物种类正确组装采样头。
2. 掌握颗粒物采样器的使用方法。
3. 掌握使用综合校准装置校准颗粒物采样器的方法。

二、实训任务与要求

1. 做好实训预习工作，完成技能考核与评价表相关内容。
2. 根据实训任务准备实训器材。
3. 学生查阅仪器使用说明书，根据采集的颗粒物种类正确组装采样头，练习颗粒物采样器的开机、设置、校零、查询等操作，熟练掌握颗粒物采样器的使用方法。
4. 根据仪器使用说明书，正确连接颗粒物采样器和综合校准装置进行流量校准，平行校准 3 次，规范记录和处理实训数据，计算颗粒物采样器流量误差。

注：本实训内容的编写以相应的仪器使用说明书为依据。

三、仪器设备

1. 2050 型空气/智能 TSP 综合采样器。

2. 7040 型便携式气体、粉尘、烟尘采样仪综合校准装置。

四、实训操作

（一）2050 型空气/智能 TSP 综合采样器的使用

以 2050 型空气/智能 TSP 综合采样器为例，学习操作过程，包括仪器的设置、采样装置的搭建等内容。

1. 采样前准备

（1）选择干燥、避阳处，将采样器放置平稳或放置在三脚支架上（如图 2.5-1）。

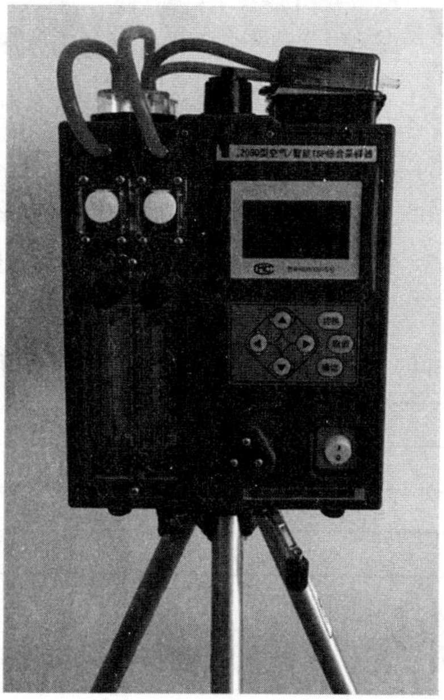

图 2.5-1　颗粒物采样器

（2）将颗粒物采样滤膜（如图 2.5-2）装进 $PM_{2.5}$/PM_{10}/TSP 采样头里面，并根据采集的颗粒物种类正确组装采样头（$PM_{2.5}$/PM_{10}/TSP 采样头安装与拆卸如图 2.5-3 所示），再将其拧紧在采样器上。$PM_{2.5}$/PM_{10}/TSP 系列采样头使用组合见表 2.5-1。

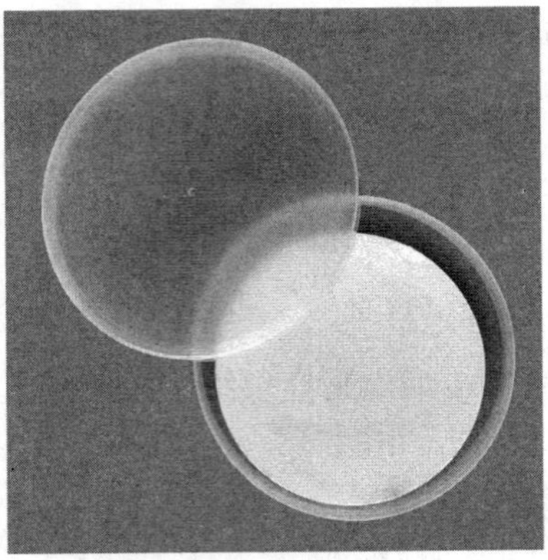

图 2.5-2 玻璃纤维滤膜

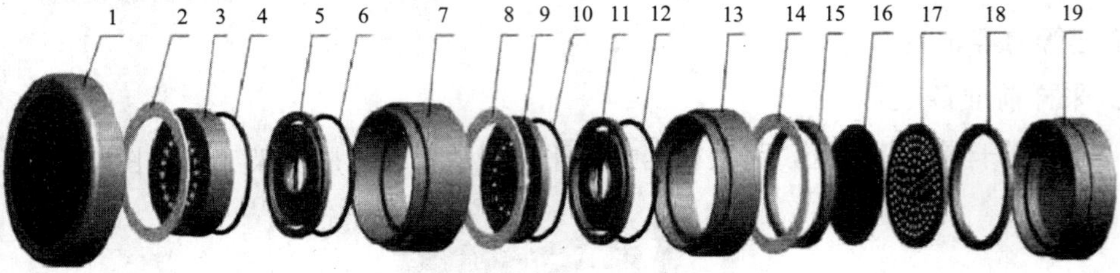

1—TSP 切割头；2—硅胶垫圈；3—PM_{10} 切割器；4—O 形密封圈；5—TSP 捕集板；6—O 形密封圈；
7—切割头中体 A；8—硅胶垫圈；9—$PM_{2.5}$ 切割器；10—O 形密封圈；11—PM_{10} 捕集板；12—O 形密封圈；
13—切割头中体 B；14—硅胶垫圈；15—滤膜压环；16—滤膜；17—滤膜托网；18—密封垫；19—切割头下椎体

图 2.5-3 $PM_{2.5}$/PM_{10}/TSP 采样头安装与拆卸示意

表 2.5-1 $PM_{2.5}$/PM_{10}/TSP 系列采样头使用组合

采样头分类	按图 2.5-3 中指示的各件组合	采集颗粒物种类
TSP 采样头	去掉组件 2—13，其余 7 件组合	TSP
PM_{10} 采样头	去掉组件 8—13，其余 13 件组合	PM_{10}
$PM_{2.5}$ 采样头	全部 19 件组合	$PM_{2.5}$

（3）确认电源为交流 220 V 后，接通电源线，打开电源开关，查看采样器自检时屏幕有没有错误提示。若有，应修好后再使用。

2. 开机显示

开机后，照明灯点亮，采样器进入初始状态，进行自检，并显示采样器型号、名称、版本号。

3. 粉尘采样

在主菜单状态按“切换”键切换到“粉尘采样”状态。屏幕下方的系统时钟和当前环境大气压每隔 5 s 交替显示（如图 2.5-4）。

（1）设置

进入设置菜单，采样模式分为“非间隔采样”和“间隔采样”两种（如图 2.5-5）。

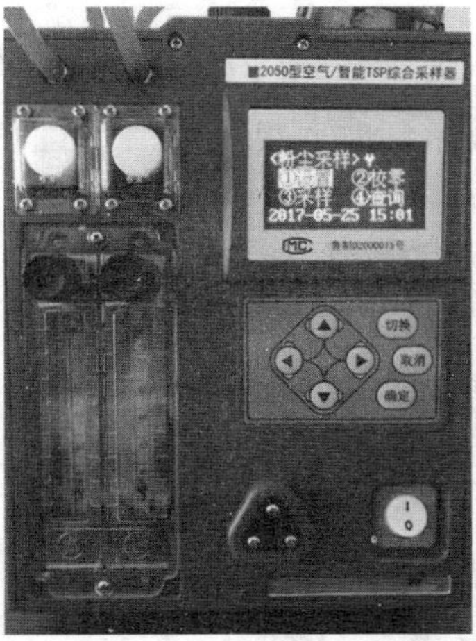

图 2.5-4　粉尘采样界面

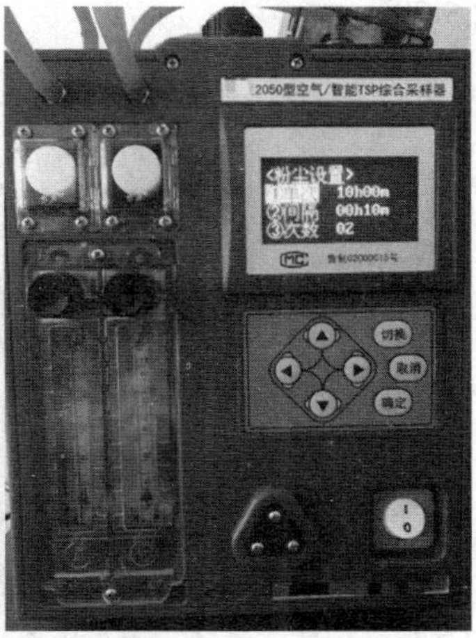

图 2.5-5　粉尘设置界面

①非间隔采样设置：“单次”采样时间应大于 0 min，“间隔”采样时间应为 0 min，“次数”为 1 次。

②间隔采样设置：“单次”采样时间应大于 0 min，“间隔”采样时间应大于 0 min，“次数”应大于或等于 2 次。

（2）校零

进入“②校零”菜单，采样器自动进行粉尘流量校零，以消除电路、压力传感器等产生的漂移误差，保证采样的准确性（如图 2.5-6）。

（3）采样

进入“③采样”菜单，设置即时采样和定时采样（如图 2.5-7）。

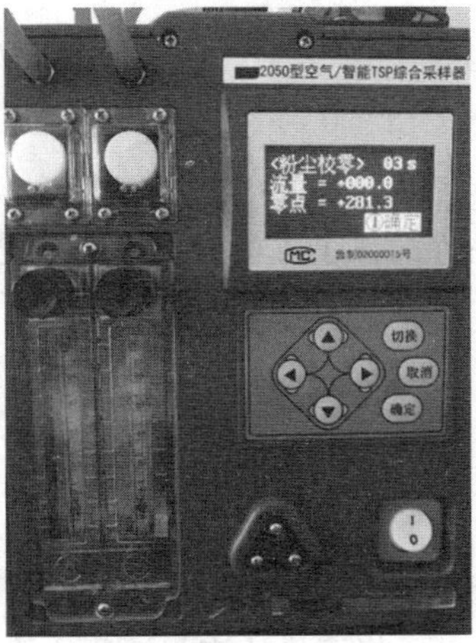

图 2.5-6　校零界面

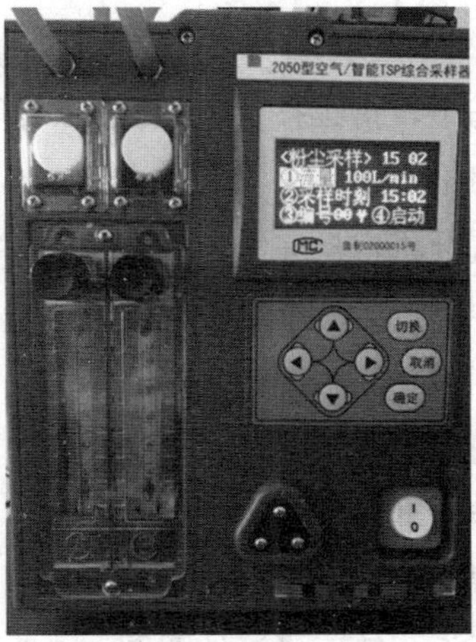

图 2.5-7　采样设置

（4）查询

进入“④查询”菜单，显示的是最后一次采样的数据，包括文件号、采样日期和采样时间（如图 2.5-8）。

图 2.5-8 查询界面

（二）颗粒物采样器流量计的校准

使用 7040 型便携式气体、粉尘、烟尘采样仪综合校准装置对颗粒物采样器的流量进行校准。

实训视频：颗粒物采样器的流量校准

1. 开关机操作

若校准装置使用外部交流适配器工作，在主机未开机时，接入外部电源后，在校准装置关机状态一直按住电源键，校准装置开机，进入自检状态。

开机状态下，持续按住电源键，则可关机。

2. 选择工作模式

校准装置开机自检完毕进入显示主界面，主界面 4 个图标分别代表系统的皂膜流量、皮膜流量、中流量、大流量 4 种流量测量模式。通过左右键将光标移动到中流量校准模式图标，按“OK”键进入所选测量模式。

3. 中流量（80～150 L/min）校准

（1）校准前准备

校准装置水平放置，将被校准仪器（以 2050 型中流量智能 TSP 采样器为例）的流量校零完毕，再将孔口流量计按照图 2.5-9 装配，最后将流量计旋入被测仪器接口，用硅胶管将校准装置的微压“-”接口与孔口流量计取压端连接（如图 2.5-10）。

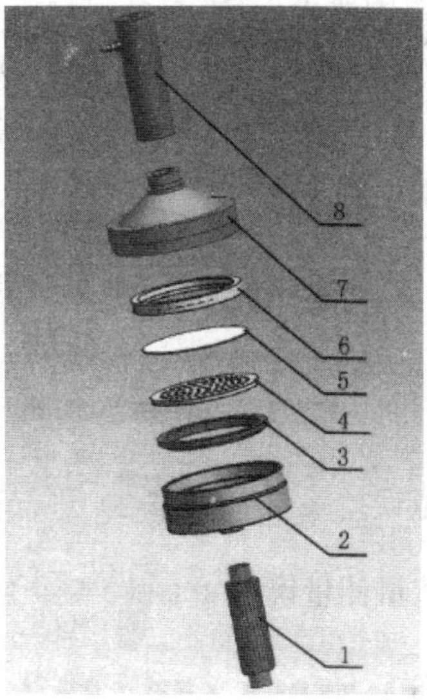

1—加长管；2—下椎体；3—矩形硅胶垫；4—托网；5—滤膜；6—托网架；
7—孔口流量计底座；8—孔口流量计主体

图 2.5-9　中流量校准用流量计装配图

图 2.5-10　中流量校准时校准装置与被校准仪器连接图

（2）中流量校准

移动光标到“中流量”图标，按“OK”键进入“传感器校零”界面。校零完毕后，进入中流量校准界面。

①选中“①校零”项，按“OK”键，可以消除微压零点漂移误差，提高测量精度。

②操作被校准仪器，选择需要校准的流量值，启动，进行流量校准。

③界面显示实际流量、标况流量、微压数值、环境温度和环境气压等参数，并自动保存校准数据。

颗粒物采样器的流量误差范围要求符合《总悬浮颗粒物采样器技术要求及检测方法》（HJ/T 374—2007）和《环境空气颗粒物（PM_{10}和$PM_{2.5}$）采样器技术要求及检测方法》（HJ 93—2013）。若流量示值超差，则需调节该流量点的倍率，根据式（2.5-1）计算。重新校准，直至流量误差满足要求。

$$新倍率=\frac{标准值}{测量值}\times 原倍率 \tag{2.5-1}$$

五、结果计算

颗粒物采样器流量计的测量误差采用式（2.5-2）进行计算：

$$流量测量误差（\%）=\frac{Q_R-Q_S}{Q_S}\times 100 \tag{2.5-2}$$

式中：Q_S —— 采样器设定流量值；

Q_R —— 校准器实测值。

六、注意事项

1. 颗粒物采样器流量校准时应安装一张干净、无破损或漏洞的滤膜，并按照图 2.5-9 装配后正确进行校准仪器连接。

2. 应根据颗粒物采样器的流量正确选择流量测量工作模式。

3. 当颗粒物采样器的流量稳定时（即显示所要校准的流量值），将校准仪上显示的实测流量、标况流量、微压数值、环境温度和环境气压等参数，记录在数据表格上。

实训六　环境空气中总悬浮颗粒物的测定

一、实训目的

1. 掌握颗粒物采样器的使用和校准方法，规范采集环境空气中的总悬浮颗粒物（TSP）。

2. 理解恒重的概念，掌握滤膜的恒重方法。

3. 掌握总悬浮颗粒物（HJ 1263—2022）的测定方法，并对测定结果进行评价。

标准文本：《环境空气　总悬浮颗粒物的测定　重量法》（HJ 1263—2022）

二、实训任务与要求

1. 做好实训预习工作，完成技能考核与评价表相关内容。

2. 根据实训任务准备实训器材。

3. 规范采集环境空气中的总悬浮颗粒物样品，正确填写现场采样记录。

4. 按标准要求完成总悬浮颗粒物的测定分析。

5. 规范记录和处理实训数据，完成技能考核习题。

三、方法原理

通过具有一定切割特性的采样器，以恒速抽取定量体积的空气，使环境空气中的总悬浮颗粒物被截留在已知质量的滤膜上，根据采样前后滤膜的质量之差和采样体积，计算总悬浮颗粒物的浓度。滤膜经处理后，可进行组分分析。

该方法适用于使用大流量或中流量采样器进行环境空气中总悬浮颗粒物浓度的手工测定，同时适用于无组织排放监控点空气中总悬浮颗粒物浓度的手工测定。

四、实训准备

（一）准备仪器和材料

1. 2050 型空气/智能 TSP 综合采样器。

2. 流量校准器：用于对不同流量的采样前采样器进行流量校准。

3. 滤膜：根据样品采集目的，可选用玻璃纤维滤膜、石英滤膜等无机滤膜或聚四氟乙烯、聚氯乙烯、聚丙乙烯、混合纤维等有机滤膜。尺寸可为 200 mm×250 mm 的方形滤膜或直径为 90 mm 的圆形滤膜。滤膜对直径为 0.3 μm 标准粒子的捕集效率不低于 99%，在气流速度为 0.45 m/s 时，单张滤膜阻力不大于 3.5 kPa，在同样气流速度下，抽取经高效过滤器净化的空气 5 h，滤膜失重不大于 0.012 mg/cm^2。

4. 滤膜袋：用于存放采样后对折的采尘滤膜。袋面印有编号、采样日期、采样地点、采样人等。

5. 滤膜保存盒：用于保存滤膜，保证滤膜在采样前处于平展不受折状态。

6. 镊子：用于夹取滤膜。

7. HSP-150B 恒温恒湿培养箱：箱（室）内空气温度要求在 15～30℃连续可调，控温精度±1℃；箱（室）内相对湿度应控制在 45%～55%。恒温恒湿箱（室）可连续工作。

8. 分析天平：用于对滤膜进行称量，天平的实际分度值不超过 0.000 1 g。

（二）采样仪器校准

新购置或维修后的采样器在使用前，需进行流量校准；正常使用的采样器至少每月需进行一次切割器清洗和流量校准，校准后流量测量误差应在采样器设定流量的±2%以内。可按照项目二中实训五的相关内容进行采样器流量的校准。

五、测定步骤

（一）采样前滤膜检查

滤膜称量前，应佩戴无粉末防静电手套对每片滤膜进行检查。滤膜应边缘平整，表面无毛刺、无针孔、无松散杂质，且没有折痕，没有受到污染或任何破损。检查合格后的滤膜，才能用于采样。在选中的滤膜非采样区域或滤膜袋/盒上做好编号，备用。

（二）采样前滤膜称量

1. 将滤膜放在恒温恒湿箱（室）中至少平衡 24 h，平衡温度取 15～30℃中任意温度（一般设置为 20℃），相对湿度控制在 45%～55%。记录平衡温度与湿度。

2. 滤膜平衡后，在与上述平衡条件保持一致的环境条件下用分析天平对滤膜进行称量，每张滤膜称量两次，两次称量间隔至少 1 h。当天平实际分度值为 0.000 1 g 时，两次质量之差小于 1 mg；当天平实际分度值为 0.000 01 g 时，两次质量之差小于 0.1 mg；以两次称量结果的平均值作为滤膜称量值。当两次称量之差超出以上范围时，可将相应滤膜再平衡至少 24 h 后重新称量两次，若两次称量偏差仍超过以上范围，则该滤膜作废。记录滤膜的质量和编号等信息。

3. 将称量好的滤膜平展地放在滤膜保存袋/盒中，采样前不得将滤膜弯曲或折叠，待采样。

实训视频：TSP 的测定——采样前滤膜的准备

（三）采样

1. 监测点位布设要求应满足 HJ 194 或 GB 16297 的有关规定。当多台采样器同时采样时，中流量采样器相互之间的距离为 1 m 左右，大流量采样器相互之间的距离为 2～4 m。

实训视频：采样头的组装

实训视频：TSP 的测定——样品采集

2. 采样前，应现场使用流量校准器对采样器的采样流量进行检查，若流量测试误差超过采样器设定流量的±2%，应对采样流量进行校准。

3. 打开采样头，取出滤膜夹。用清洁干布擦去采样头内及滤膜夹的灰尘。

4. 将经过检查和称重的滤膜放入洁净采样夹内的滤网上，滤膜毛面应朝向进气方向，将滤膜牢固压紧至不漏气。安装好采样头，按照采样器使用说明书，设置好采样时间，即可启动采样（如图 2.6-1）。根据工作需要，设置采样时间：①测定 TSP 日平均浓度，按 GB 3095 有关规定执行；②应确保滤膜增重不小于分析天平实际分度值的 100 倍。当分析天平的实际分度值为 0.000 1 g 时，滤膜增重不小于 10 mg；当分析天平的实际分度值为 0.000 01 g 时，滤膜增重不小于 1 mg。

图 2.6-1 TSP 采样装置

5. 当采样器不能直接显示标准状态下的累积采样体积时，需记录采样期间测试现场平均环境温度和平均大气压。

6. 采样结束后，打开采样头，用镊子轻轻取下滤膜。滤膜取出时，若发现滤膜损坏或滤膜采样区域的边缘轮廓不清晰，则该样品作废；若滤膜上黏有液滴或异物，则该样品作废。

7. 经检查合格的采样后滤膜，按照要求进行存放：①使用大流量采样器采样时，将有尘面两次对折，放入滤膜袋/盒中；②使用中流量采样器采样时，将滤膜尘面朝上，平放入滤膜盒中。

8. 滤膜采集后，应妥善保存后运送至实验室。运输中不得倒置、挤压或发生较大的震动。

9. 滤膜采集运回实验室后，应及时称量。若不能及时称量，应在不高于采样时的环境温度条件下保存，最长不超过 30 天。若用于组分分析等，应符合相关监测方法的要求。

（四）采样后滤膜复查与称量

1. 按照与“采样前滤膜检查”相同的要求对每片滤膜进行复查，不合格的样品作废处理，并做好相应记录。

2. 将复查合格后的滤膜，按照与采样前滤膜的平衡时间、温湿度环境条件一致的要求进行平衡，平衡后称重，称重步骤和要求与采样前滤膜称量相同。

实训视频：TSP 的测定——分析步骤

六、结果计算

总悬浮颗粒物的浓度按照式（2.6-1）进行计算：

$$\rho = \frac{W_2 - W_1}{V} \times 1\,000 \qquad (2.6\text{-}1)$$

式中：ρ——总悬浮颗粒物的浓度，μg/m^3；

W_1——采样前滤膜的质量，mg；

W_2——采样后滤膜的质量，mg；

V——实际状态下的采样体积，m^3。

计算结果保留到整位数。

七、质量控制与质量保证

1. 新购置或维修后的采样器应在使用前进行流量校准，正常使用的采样器至少每月需进行一次切割器清洗和流量校准，校准后流量测试误差应在采样器设定流量的±2%以内。

2. 称量过程中，应同时称量标准滤膜，用以进行称量环境条件的质量控制。具体做法：①标准滤膜的制作。取清洁滤膜若干张，在恒温恒湿箱（室）内，按平衡条件平衡 24 h 后称量；每张滤膜非连续称量 10 次以上，计算每张滤膜所有称量结果的平均值作为该张滤膜的原始质量，上述滤膜称为“标准滤膜”，标准滤膜的所有称量应在 30 min 内完成。②标准滤膜的使用。每次称量采样滤膜的同时，应称量至少一张“标准滤膜”；若标准滤膜的称量结果在原始质量±5 mg（大流量采样）或±0.5 mg（中流量采样）范围内，则该批次滤膜称量合格，数据可用，否则应检查称量条件是否符合要求并重新称量该批次滤膜。标准滤膜应一直放置于恒温恒湿箱（室）内。

3. 每张玻璃纤维滤膜在使用前均须进行检查，不得使用有针孔或任何缺陷的滤膜采样。

4. 采样过程中应配置空白滤膜，空白滤膜应与采样滤膜一起进行恒重、称量，并记录相关数据。空白滤膜前、后两次称量质量之差应远小于采样滤膜上的颗粒物负载量，否则此批次采样监测数据无效。

八、注意事项

1. 应确保采样过程没有漏气。当滤膜安放正确，采样系统无漏气时，采样后滤膜上颗粒物与四周白边之间界线应清晰，如出现界线模糊，应及时更换滤膜密封垫。

2. 滤膜称量前应有编号，应标记在滤膜非采样区域或滤膜袋/盒上，且编号应具有唯一性和可追溯性。

3. 进行滤膜检查、称量时，应佩戴无粉末防静电手套。

4. 滤膜称量时应尽量消除静电的影响。

5. 滤膜称量时，分析天平的工作条件应与恒温恒湿箱（室）的环境条件保持一致。采样前后，滤膜称量应尽量使用同一台分析天平。

实训七　环境空气中 $PM_{10}/PM_{2.5}$ 的测定

一、实训目的

1. 掌握颗粒物采样器的使用和校准方法，规范采集环境空气中的 $PM_{10}/PM_{2.5}$。

2. 理解恒重的概念，掌握滤膜的恒重方法。

3. 掌握 $PM_{10}/PM_{2.5}$（HJ 618—2011）的测定方法，并对测定结果进行评价。

标准文本：《环境空气　PM_{10} 和 $PM_{2.5}$ 的测定　重量法》（HJ 618—2011）

二、实训任务与要求

1．做好实训预习工作，完成技能考核与评价表相关内容。

2．根据实训任务准备实训器材。

3．规范采集环境空气中的 $PM_{10}/PM_{2.5}$ 样品，正确填写现场采样记录。

4．按标准要求完成 $PM_{10}/PM_{2.5}$ 的测定分析。

5．规范记录和处理实训数据，完成技能考核习题。

三、方法原理

分别通过具有一定切割特性的采样器，以恒速抽取定量体积空气，使环境空气中 PM_{10} 和 $PM_{2.5}$ 被截留在已知质量的滤膜上，根据采样前后滤膜的质量差和采样体积，计算出两者浓度。

四、实训准备

（一）准备仪器和设备

1. 2050 型空气/智能 TSP 综合采样器。

2. 滤膜：根据样品采集目的可选用玻璃纤维滤膜、石英滤膜等无机滤膜或聚氯乙烯、聚丙烯、混合纤维素等有机滤膜。滤膜对 0.3 μm 标准粒子的截留效率不低于 99%。空白滤膜按本实训“六、分析步骤”进行平衡处理至恒重，称量后，放入干燥器中备用。

3. 分析天平：感量 0.1 mg 或 0.01 mg。

4. 恒温恒湿箱（室）：恒温恒湿箱（室）内空气温度在 15～30℃可调，控温精度±1℃。恒温恒湿箱（室）内空气相对湿度应控制在（50±5）%。恒温恒湿箱（室）可连续工作。

5. 干燥器：内盛变色硅胶。

（二）采样仪器校准

样品采集之前，应对颗粒物采样器的流量进行校准。可按照项目二中实训五的相关内容进行校准。

实训视频：$PM_{2.5}$的测定

五、样品采集与保存

（一）采样要求

环境空气监测中采样环境及采样频率，按 HJ/T 194 的要求执行。采样时，采样器入口距地面高度不得低于 1.5 m。采样不宜在风速大于 8 m/s 等天气条件下进行。采样点应避开污染源及障碍物。如果测定交通枢纽处 PM_{10} 和 $PM_{2.5}$，采样点应布置在距人行道边缘外侧 1 m 处。

根据工作需要，设置采样时间：①测定 PM_{10} 和 $PM_{2.5}$ 日平均浓度，按 GB 3095 的有关规定执行；②应确保滤膜增重不小于分析天平实际分度值的 100 倍。当分析天平的实际分度值为 0.000 1 g 时，滤膜增重不小于 10 mg；当分析天平的实际分度值为 0.000 01 g 时，滤膜增重不小于 1 mg。

（二）样品采集

采样时，将已称重的滤膜用镊子放入洁净采样夹内的滤网上，滤膜毛面应朝进气方向。将滤膜牢固压紧至不漏气。采样装置如图 2.7-1 和图 2.7-2 所示。如果测定任意一次浓度，每次需更换滤膜；如果测日平均浓度，样品可采集在一张滤膜上。采样结束后，用镊子将滤膜取出。将有尘面两次对折，放入样品盒或袋内，并做好采样记录。

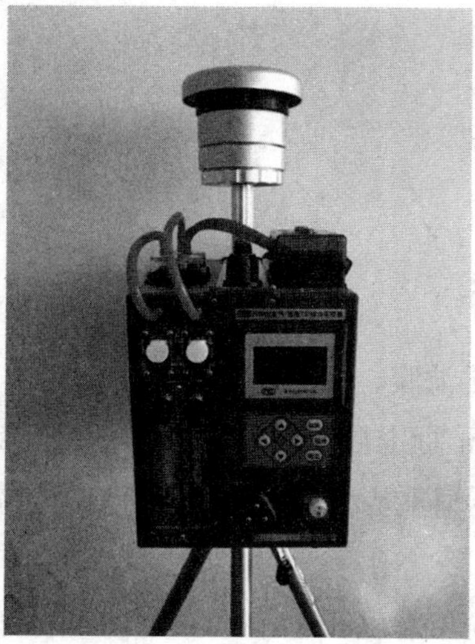

图 2.7-1　$PM_{2.5}$ 采样装置

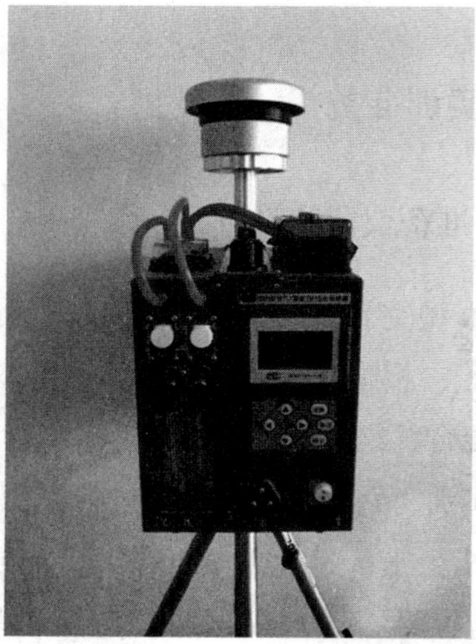

图 2.7-2　PM_{10} 采样装置

（三）样品保存

滤膜采集后，如果不能立即称重，应在 4℃条件下冷藏保存。

六、分析步骤

将滤膜（含空白滤膜和样品滤膜）放在恒温恒湿箱（室）中平衡 24 h，平衡温度取 15～30℃中任何温度，相对湿度控制在 45%～55%，记录平衡温度与湿度。在上述平衡条件下，用感量为 0.1 mg 或 0.01 mg 的分析天平称量滤膜，记录滤膜质量。同一滤膜在恒温恒湿箱（室）中相同条件下再平衡 1 h 后称重。对于 PM_{10} 和 $PM_{2.5}$ 颗粒物样品滤膜，两次质量之差分别小于 0.4 mg 或 0.04 mg 为满足恒重要求。

七、结果计算与表示

PM_{10} 和 $PM_{2.5}$ 浓度按式（2.7-1）计算：

$$\rho=\frac{W_2-W_1}{V}\times 1\,000 \quad (2.7\text{-}1)$$

式中：ρ —— PM_{10} 或 $PM_{2.5}$ 浓度，mg/m^3；

W_2 —— 采样后滤膜的质量，g；

W_1 —— 空白滤膜的质量，g；

V —— 已换算成实际状态下的采样体积，m^3。

计算结果可保留到小数点后 3 位。

八、质量控制与质量保证

（一）监测仪器管理

建立监测仪器管理制度，操作中使用的仪器设备应定期检定、校准和维护。

（二）采样过程质量控制

1. 正确安放滤膜，采样系统无漏气时，采样后滤膜上颗粒物与四周白边之间界线应清晰；如出现界线模糊，则表明有漏气，应检查滤膜安装是否正确，或更换滤膜密封垫、滤膜夹，该滤膜样品作废。

2. 采样时，采样器的排气应不对 $PM_{2.5}$ 浓度测量产生影响。

3. 向采样器中放置和取出滤膜时，应佩戴乙烯基手套等实验室专用手套，使用无锯齿状镊子。

4. 采样过程中应配置空白滤膜，空白滤膜应与采样滤膜一起进行恒重、称量，并记录相关数据。空白滤膜前、后两次称量质量之差应远小于采样滤膜上的颗粒物负载量，否则此批次采样监测数据无效。

5. 若采样过程中停电，导致累计采样时间未达到要求，则该样品作废。

6. 采样过程中所有有关样品有效性和代表性的因素，如采样器受干扰或故障、异常气象条件、异常建设活动、火灾或沙尘暴等均应详细记录，并根据质量控制数据进行审查，判断采样过程的有效性。

7. 采样前后均应及时清洁采样头。此外，为了有效截留颗粒物，需用面纱擦去TSP捕集板和PM_{10}捕集板凹槽中及其周围的集尘，再用乙醇擦拭晾干后用棉纱布卷蘸凡士林进行涂抹，涂抹要薄且均匀，不要涂到过气孔中去，采样后再及时清洁凹槽部位（采集PM_{10}时，TSP捕集板需涂抹凡士林；采集$PM_{2.5}$时，TSP捕集板和PM_{10}捕集板均需涂抹凡士林）。

8. 滤膜使用前均需进行检查，不得有针孔或任何缺陷。

（三）称量过程质量控制

1. 天平校准质量控制

（1）使用干净刷子清理分析天平的称量室，使用抗静电溶液或丙醇浸湿的一次性实验室抹布清洁天平附近的表层。每次称量前，清洗用于取放标准砝码和滤膜的非金属镊子，确保所有使用的镊子干燥。

（2）称量前应检查分析天平的基准水平，并根据需要进行调节。为确保稳定性，分析天平应尽量处于长期通电状态。

（3）每次称量前应按照分析天平操作规程校准分析天平。

（4）分析天平校准砝码应保持无锈蚀，砝码需配置两组，一组作为工作标准，另一组作为基准。

2. 滤膜称量质量控制

（1）滤膜称量前应有编号，但不能直接标记在滤膜上；如直接使用带编号（编码）的滤膜或使用带编码标识的滤膜保存盒，必须保持唯一性和可追溯性。

（2）称量前应首先打开分析天平屏蔽门，至少保持1 min，使分析天平称量室内温度、湿度与外界达到平衡。

（3）称量时应消除静电影响并尽量缩短操作时间。

（4）称量过程中应同时称量标准滤膜，进行称量环境条件的质量控制。

使用无锯齿状镊子夹取清洁空白滤膜若干张，在恒温恒湿箱（室）内按平衡条件平衡24 h后称重。每张滤膜非连续称量10次以上，计算每张滤膜10次称量结果的平均值作为该张滤膜的原始质量。上述滤膜称为“标准滤膜”，标准滤膜的10次称量应在30 min内完成。每次称量采样滤膜的同时，应称量至少一张“标准滤膜”。若标准滤膜的称量结果在原始质量±5 mg（大流量采样）或±0.5 mg（中流量和小流量采样）范围内，则认为该批次样品滤膜称量合格，数据可用。否则，应检查称量条件是否符合要求并重新称量该批次样品滤膜。

（5）为避免空气中的颗粒物影响滤膜称量，滤膜不应放置在空调管道、打印机或经常开闭的门道等气流通道上进行平衡调节。每天应清洁工作台和称量区域，并在门道至天平室入口安装“黏性”地板垫，称量人员应穿戴洁净的实验服进入称量区域。

（6）采样前后滤膜称量应使用同一台分析天平，操作天平应佩戴无粉末，抗静电，无硝酸盐、磷酸盐、硫酸盐的乙烯基手套。

九、注意事项

1. 称量滤膜时的质量控制要严格。

2. 对电机有电刷的采样器，应尽可能在电机由于电刷等因素停止工作前更换电刷，以免使采样失败。更换时间视以往情况确定。更换电刷后要重新校准流量。新更换电刷的采样器应在负载条件下运转 1 h，待电刷与转子的整流子良好接触后，再进行流量校准。

实训八 大气颗粒物组分中铅的测定

一、实训目的

1. 进一步掌握颗粒物采样器的使用及流量校准方法，规范采集环境空气颗粒物样品。

2. 掌握颗粒物组分中铅的测定方法（GB/T 15264—94），并对测定结果进行评价。

标准文本：《环境空气 铅的测定 火焰原子吸收分光光度法》（GB/T 15264—94）

二、实训任务与要求

1. 做好实训预习工作，完成技能考核与评价表相关内容。

2. 根据实训任务准备实训器材。

3. 规范采集环境空气中的颗粒物样品，正确填写现场采样记录。

4. 按标准要求完成颗粒物及其组分中铅的测定分析。

5. 规范记录和处理实训数据，完成技能考核习题。

三、实训原理

用玻璃纤维滤膜采集的试样，经硝酸-过氧化氢溶液浸出制备成试料溶液。直接吸入空气-乙炔火焰中原子化，在 283.3 nm 处测量基态原子对空心阴极灯特征辐射的吸收。在一定条件下，吸收光度与待测样中金属浓度成正比。

四、实训准备

（一）准备试剂

除另有说明外，本实训使用的均为无铅分析纯试剂和去离子水或同等纯度的水。

1. 铅：含量不低于 99.99%。
2. 硝酸（HNO_3），ρ=1.42 g/mL，优级纯。
3. 硝酸（HNO_3），ρ=1.42 g/mL，分析纯。
4. 过氧化氢（H_2O_2），约 30%（m/m）。
5. 氢氟酸（HF），约 40%（m/m）。
6. 硝酸溶液，1%：用优级纯硝酸配制。
7. 硝酸溶液，1+1：用优级纯硝酸配制。
8. 硝酸-过氧化氢混合液：用优级纯硝酸和过氧化氢按 1+1 配制，临用时现配。
9. 铅标准贮备溶液，c=1.000 g/L：称取（1.000±0.001）g 铅于器皿中，加入优级纯硝酸 15 mL，加热，直至溶解完全，然后用水稀释定容至 1 000 mL，混匀。
10. 铅标准溶液，c=0.100 g/L：用移液管取 10.00 mL 铅标准贮备溶液至 100 mL 容量瓶内，用硝酸溶液（1%）稀释至标线，混匀。
11. 燃气：乙炔，纯度不低于 99.6%。用钢瓶气或由乙炔发生器供给。
12. 氧化剂：空气，一般由气体压缩机供给，进入燃烧器以前，应经过适当过滤，以除去其中的水、油和其他杂物。
13. 滤膜：超细玻璃纤维滤膜。空白滤膜的最大含铅量，要明显低于本方法所规定测定的最低检出浓度。

（二）准备仪器和设备

一般实验室仪器和以下设备：

1. 原子吸收分光光度计及相应的辅助设备。光源选用空心阴极灯或无极放电灯。操作参数可参照仪器说明书进行选择。
2. 4 号多孔玻璃过滤器（如图 2.8-1）。

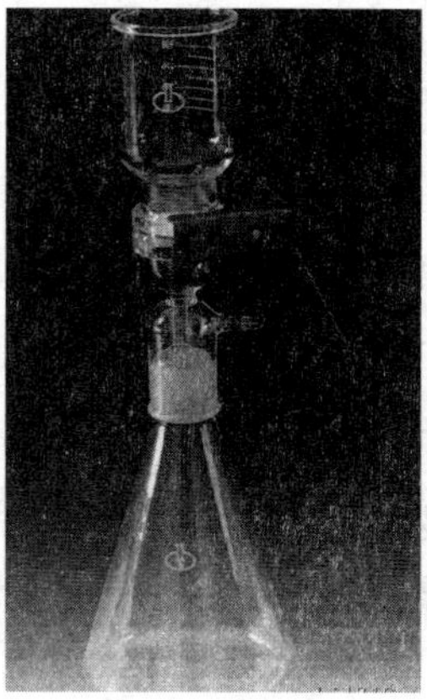

图 2.8-1 4 号多孔玻璃过滤器

3. 总悬浮颗粒采样器：2050 型空气/智能 TSP 综合采样器。样品采集之前，应对颗粒物采样器的流量进行校准。可按照项目二中实训五的相关内容进行校准。

注：实验用的玻璃器皿用洗涤剂洗净后，在硝酸溶液（1+1）中浸泡。使用前，先后用自来水和无铅水彻底洗净。

五、样品

实训视频：大气颗粒物组分中铅的测定——样品采集

（一）采样

使用中流量采样器采样，玻璃纤维滤膜过滤直径为 8 cm 时，以 50～150 L/min 流量采样 30～60 m^3。应将滤膜毛面朝上，放入采样夹中拧紧（如图 2.8-2）。采样后小心取下滤膜，尘面朝里对折两次叠成扇形，放回纸袋中，并详细记录采样条件。

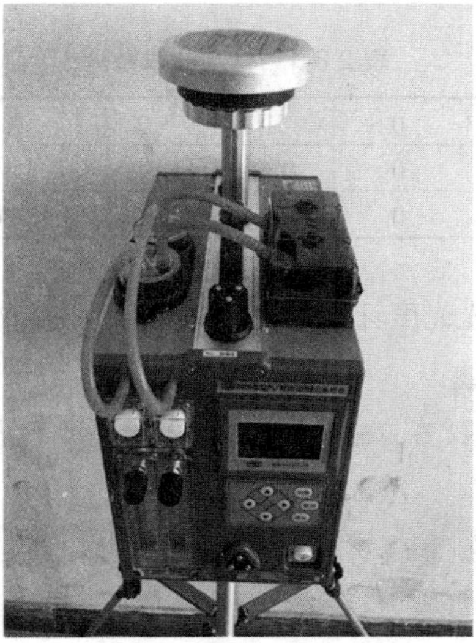

图 2.8-2 采样装置

（二）滤膜预处理

1. 硝酸-过氧化氢溶液浸出法

取试样滤膜，置于高型烧杯中，加入 10 mL 硝酸-过氧化氢混合溶液浸泡 2 h 以上，微火加热至沸腾，保持微沸 10 min，冷却后加入过氧化氢 10 mL，沸腾至微干，冷却，加硝酸溶液（1%）20 mL，再沸腾 10 min，热溶液通过多孔玻璃过滤器收集于烧杯中，用少量热硝酸溶液（1%）冲洗过滤器数次。待滤液冷却后，转移到 50 mL 容量瓶中，再用硝酸溶液（1%）稀释至标线，即为试料溶液。

2. 空白溶液制备

取同批号等面积空白滤膜，按与样品滤膜同样的处理操作，制备成空白溶液。

实训视频：大气颗粒物组分中铅的测定——滤膜预处理

六、步骤

（一）干扰及其消除

对于火焰原子吸收法，在实验条件下，锑在波长 217.0 nm 处有吸收干扰测定，但在波长 283.3 nm 处，锑不干扰测定。

实训视频：大气颗粒物组分中铅的测定——分析步骤

（二）校准曲线的绘制

参照表 2.8-1，取 7 个 100 mL 容量瓶，分别加入铅标准溶液，然后用硝酸溶液（1%）稀释至标线，配制成工作标准溶液，其浓度范围包括试料中被测铅浓度。

表 2.8-1　标准曲线系列

序　号	0	1	2	3	4	5	6
铅标准溶液/mL	0	0.50	1.00	2.00	4.00	8.00	10.00
工作标准溶液铅浓度/（mg/L）	0	0.50	1.00	2.00	4.00	8.00	10.00

根据选定的原子吸收分光光度计工作条件，测定工作标准溶液的吸光度。以吸光度对铅浓度（mg/L）绘制标准曲线。

注：①装有内部存储器的仪器，输入空白溶液和 3 个工作标准溶液，存入一条校准曲线，测定试料时可直接读出浓度。

②在测定过程中，要定期地复测空白和标准溶液，以检查基线的稳定性和仪器灵敏度是否发生了变化。

（三）试料溶液测定

按校准曲线绘制时的仪器工作条件，吸入硝酸溶液（1%），将仪器调零，吸入空白和试料溶液，记录吸光度值。

注：当试料溶液的响应值处于标准曲线上限范围以外时，要用硝酸溶液（1%）稀释，使其响应值移至直线区域，并记录下稀释倍数（N）。

七、计算和结果表示

根据所测的吸光度值，在校准曲线上查出试料溶液和空白溶液的浓度，并由式（2.8-1）计算空气中铅的浓度（mg/m^3）。

$$c(\mathrm{Pb})=\frac{V\cdot(a-b)\cdot N}{V_a\cdot 1\,000}\times\frac{S_t}{S_a} \tag{2.8-1}$$

式中：$c(\mathrm{Pb})$ —— 铅及其无机化合物（换算成铅）浓度，mg/m^3；

a —— 试料溶液中铅浓度，μg/mL；

b —— 空白溶液中铅浓度，μg/mL；

V —— 试料溶液体积，mL；

V_a —— 实际状态下的采样体积，m^3；

S_t —— 试料滤膜总面积，cm^2；

S_a —— 测定时所取滤膜面积，cm^2。

八、质量控制与质量保证

1. 颗粒物采样器每次使用前须进行流量校准。
2. 滤膜使用前均需进行检查，不得有针孔或任何缺陷。
3. 要经常检查采样头是否漏气。
4. 现场空白和实验室空白一批分别做 2 个，结果小于方法检出限。
5. 现场加采不少于 10%的平行样，平行样结果相对偏差≤20%。
6. 试料的回收试验。对于每批测定，均应将已知含铅量的试样按照方法的全过程进行操作后测定，以便确定处理和测定过程中对待测铅的回收率影响，回收率为 95.5%～105.0%。

九、注意事项

1. 该方法测定的环境空气中的铅，是指酸溶性铅及铅的氧化物。
2. 进行标准曲线绘制时，对于装有内部存储器的仪器，输入空白溶液和 3 个工作标准溶液，存入一条校准曲线，测定试料时可直接读出浓度。此外，在测定过程中，要定期地复测空白溶液和工作标准溶液，以检查基线的稳定性和仪器灵敏度是否发生了变化。

项目三　室内空气污染监测

思政导读：近年来，室内装修引起的空气污染问题备受关注。检测发现，在室内空气中存在500多种挥发性有机物，其中致癌物质就有20多种，致病病毒200多种。危害较大的主要有氡、甲醛、苯、氨以及酯、三氯乙烯等。大量触目惊心的事实证实，室内空气污染已成为危害人类健康的“隐形杀手”，也成为世界各国共同关注的问题。研究表明，室内空气的污染程度要比室外空气严重2～5倍，在特殊情况下可达到100倍。

新冠疫情防控背景下，2022年《室内空气质量标准》历经20年以来的首次修订，其更新版在2022年7月出台，于2023年2月1日起实施，修订后的标准新增细颗粒物（$PM_{2.5}$）、三氯乙烯、四氯乙烯3项化学性指标及要求，变更7项指标收严，以满足公众对人居环境健康的需求。

实训一　室内空气中甲醛的测定

一、实训目的

1. 掌握酚试剂分光光度法测定公共场所空气中甲醛含量的原理和方法（GB/T 18204.2—2014）。

2. 熟练掌握采样仪器和分光光度计的使用。

标准文本：室内空气中甲醛的测定（GB/T 18204.2—2014）

二、实训任务与要求

1. 做好实训预习工作，完成技能考核与评价表相关内容。

2. 根据实训任务准备实验试剂和仪器设备。

3. 规范采集室内空气中的甲醛样品，正确填写现场采样记录。

4. 按标准要求绘制标准曲线，并完成样品的分析测试和质控实验。

5. 规范记录和处理实训数据，进行结果计算与评价。

6. 明确质量控制与质量保证要点，完成技能考核习题。

三、方法原理

空气中的甲醛与酚试剂反应生成嗪，嗪在酸性溶液中被高铁离子氧化形成蓝绿色化合物。根据颜色深浅，比色定量。

本方法灵敏度为 2.8 μg HCHO/吸光度。

本方法甲醛最低检测质量为 0.056 μg，当采气体积为 10 L 时，可测甲醛浓度范围为 0.01～0.15 mg/m^3。

四、实训准备

（一）配制试剂

本方法中所用水均为重蒸馏水或去离子交换水；所用的试剂纯度一般为分析纯。

1. 吸收液原液，ρ=1.0 g/L：称量 0.10 g 酚试剂[$C_6H_4SN(CH_3)C:NNH_2 \cdot HCl$，简称 MBTH]，加水溶解，倒于 100 mL 容量瓶中，加水到刻度。放冰箱中保存，可稳定保存 3 天。

2. 吸收液：量取吸收液原液 5 mL，加 95 mL 水，即为吸收液，临用时现配。

3. 硫酸铁铵溶液，ρ=10 g/L：称量 1.0 g 硫酸铁铵[$NH_4Fe(SO_4)_2 \cdot 12H_2O$] 用 0.1 mol/L 盐酸溶解，并稀释至 100 mL。

4. 碘溶液，$c(1/2I_2)$=0.100 0 mol/L：称量 40 g 碘化钾，溶于 25 mL 水中，加入 12.7 g 碘。待碘完全溶解后，用水定容至 1 000 mL。移入棕色瓶中，暗处储存。

5. 氢氧化钠溶液，ρ=40 g/L：称量 40 g 氢氧化钠，溶于水中，并稀释至 1 000 mL。

6. 硫酸溶液，$c(1/2H_2SO_4)$=0.5 mol/L：取 28 mL 浓硫酸缓慢加入水中，冷却后，稀释至 1 000 mL。

7. 硫代硫酸钠标准溶液，$c(Na_2S_2O_3)$=0.100 0 mol/L：可从试剂商店购买标准试剂。

8. 淀粉溶液，ρ=5 g/L：将 0.5 g 可溶性淀粉，用少量水调成糊状后，再加入 100 mL 沸水，并煮沸 2～3 min 至溶液透明。冷却后，加入 0.1 g 水杨酸或 0.4 g 氯化锌保存。

9. 甲醛标准贮备溶液：取 2.8 mL 含量为 36%～38%的甲醛溶液，放入 1 L 容量瓶中，加水稀释至刻度。此溶液 1 mL 约相当于 1 mg 甲醛。其准确浓度用下述碘量法标定。也可购买标准试剂。

甲醛标准贮备溶液的标定：精确量取 20.00 mL 待标定的甲醛标准贮备溶液，置于 250 mL 碘量瓶中。加入 20.00 mL[$c(1/2I_2)$=0.100 0 mol/L]碘溶液和 15 mL 40 g/L 氢氧化钠溶液，放置 15 min，加入 20 mL 0.5 mol/L 硫酸溶液，再放置 15 min，用硫代硫酸钠溶液

[$c(Na_2S_2O_3)$=0.100 0 mol/L]滴定，至溶液呈现淡黄色时，加入 1 mL 5 g/L 淀粉溶液继续滴定至恰使蓝色褪去为止，记录所用硫代硫酸钠溶液体积（V_2），单位为 mL。同时用水做试剂空白滴定，记录空白滴定所用硫代硫酸钠标准溶液的体积（V_1），单位为 mL。甲醛溶液的浓度用式（3.1-1）计算：

$$c=\frac{(V_1-V_2)\times M\times 15}{20} \tag{3.1-1}$$

式中：c —— 甲醛标准贮备溶液浓度，mg/mL；

V_1 —— 试剂空白消耗硫代硫酸钠溶液[$c(Na_2S_2O_3)$=0.100 0 mol/L]的体积，mL；

V_2 —— 甲醛标准贮备溶液消耗硫代硫酸钠溶液[$c(Na_2S_2O_3)$=0.100 0 mol/L]的体积，mL；

M—— 硫代硫酸钠标准溶液的浓度，mol/L；

15 —— 甲醛的换算值；

20 —— 所取甲醛标准贮备溶液的体积，mL。

二次平行滴定，误差应小于 0.05 mL，否则重新标定。

10. 甲醛标准溶液，ρ=1 μg/mL：临用时，将甲醛标准贮备溶液用水稀释成 10 μg/mL 甲醛，立即再取此溶液 10.00 mL，加入 100 mL 容量瓶中，加入 5 mL 吸收液原液，用水定容至 100 mL，放置 30 min 后，用于配制标准色列管。此标准溶液可稳定保存 24 h。

（二）准备仪器和设备

1. 大型气泡吸收管：出气口内径为 1 mm，出气口至管底距离小于或等于 5 mm。

2. 大气采样器：流量范围为 0～1 L/min。流量稳定可调，恒流误差小于±5%设定值，采样前和采样后应用皂膜流量计校准采样系列流量，误差小于 5%。

3. 具塞比色管：10 mL。

4. 分光光度计：在波长 630 nm 处测定吸光度。

（三）采样仪器校准

采样前后要用经检定合格的高一级的流量计在采样负载条件下（即需将吸收管串联在大气采样机上）校准采样系统的采样流量，取采样前后两次校准的平均值作为采样流量的实际值。校准时的大气压与温度应与采样时相近，两次校准的误差不得超过 5%。

具体可参照项目二中实训一的相关内容对大气采样器进行校准。

五、样品采集与保存

（一）采样

用一个内装 5 mL 吸收液的大型气泡吸收管，以 0.5 L/min 流量，采气 10 L，并记录采样点的温度和大气压力。采样后样品在室温下应在 24 h 内分析（如图 3.1-1）。

每批样品采集过程中，均应至少采集 1 个平行样。

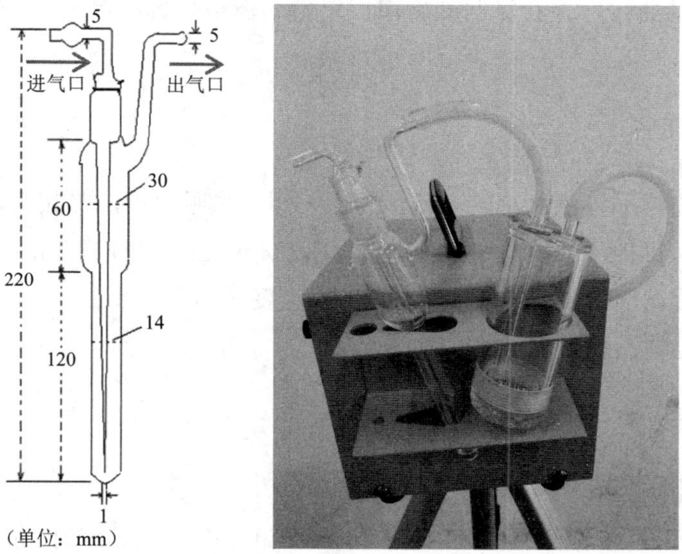

图 3.1-1　室内甲醛样品采集

（二）设置现场空白

另外将内装 5 mL 吸收液的吸收瓶带到采样现场，不采样，与样品在相同的条件下保存、运输，直至送交实验室分析，运输过程中应注意防止沾污。

要求每次采样至少做 2 个现场空白。

若空白样品检验结果超过测定方法的定量限，则这批样品作废。

六、分析步骤

（一）标准曲线的绘制

取 10 mL 具塞比色管，用甲醛标准溶液按表 3.1-1 制备标准系列。

表 3.1-1 甲醛标准系列

管　号	0	1	2	3	4	5	6	7	8
标准溶液/mL	0	0.10	0.20	0.40	0.60	0.80	1.00	1.50	2.00
吸收液/mL	5.00	4.90	4.80	4.60	4.40	4.20	4.00	3.50	3.00
甲醛含量/μg	0	0.10	0.20	0.40	0.60	0.80	1.00	1.50	2.00

各管中加入 0.4 mL 10 g/L 硫酸铁铵溶液，摇匀，放置 15 min。用 1 cm 比色皿，在波长 630 nm 下，以水为参比，测定各管溶液的吸光度。以甲醛含量为横坐标，吸光度为纵坐标，绘制标准曲线，并计算回归斜率，以斜率倒数作为样品测定的计算因子 B_g（μg/吸光度）。

（二）样品测定

采样后，将样品溶液全部转入比色管中，用少量吸收液洗吸收管，合并使总体积为 5 mL。按绘制标准曲线的操作步骤测定吸光度（A）；在每批样品测定的同时，用 5 mL 未采样的吸收液做试剂空白，测定试剂空白的吸光度（A_0）。

现场空白与样品测定步骤相同。

（三）质控实验

1. 检出限测定

取 5 mL 空白吸收溶液，加入 0.4 mL 10 g/L 硫酸铁铵溶液，摇匀，放置 15 min。用 1 cm 比色皿，在波长 630 nm 下，以水参比，测定各管溶液的吸光度。

取 6 支平行样，重复测 6 次，根据吸光度计算每支管甲醛含量 x_i（μg）。

由 6 次测得的甲醛含量，根据式（3.1-2）计算标准偏差 S。

$$S=\sqrt{\frac{\sum_{i=1}^{n}(x_i-\overline{x})^2}{n-1}} \tag{3.1-2}$$

式中：x_i —— 每支比色管中甲醛的含量，μg；

$\overline{x}$ —— 6 支比色管中甲醛的平均含量，μg；

n —— 平行样数量；

S —— 标准偏差。

检出限为 3 倍的标准偏差，测定下限为 10 倍的标准偏差。

2. 加标回收率测定

本实验采用标准溶液加标，以表 3.1-1 甲醛标准系列中的 4 号管为例，加标两倍。

取 0.6 mL 浓度为 1 μg/mL 的甲醛标准溶液于 12 组 10 mL 具塞比色管中，其中 6 组作为原样，另外 6 组作为加标样，在加标样组加入 0.24 mL 浓度为 5 μg/mL 的甲醛标准溶液。

所有样品用空白吸收液定容至 5 mL。按标准曲线测定步骤测吸光度。

根据吸光度计算每支管甲醛含量(μg)，再求出原样和加标样的平均甲醛含量 $\overline{m}_1$ 和 $\overline{m}_2$ 。

$$加标回收率（\%）=\frac{\overline{m}_2-\overline{m}_1}{m_0}\times 100\% \quad (3.1\text{-}3)$$

式中：$\overline{m}_1$ —— 原样中甲醛平均含量；

$\overline{m}_2$ —— 加标样中甲醛平均含量；

m_0 —— 加入的标准物质甲醛的量。

3. 精密度

取标准系列中某一浓度点，按标准曲线测定步骤，平行测定 6 次。根据吸光度计算甲醛的含量。

根据式（3.1-2）和式（3.1-4），计算精密度，即变异系数。

$$R=\frac{S}{\overline{x}} \quad (3.1\text{-}4)$$

式中：R —— 变异系数。

七、结果表示

将采样体积按式（3.1-5）换算成参比状态下采样体积。

$$V_0=V_t\times\frac{T_r}{T}\times\frac{P}{P_r} \quad (3.1\text{-}5)$$

式中：V_0 —— 参比状态下的采样体积，L；

V_t —— 采样体积，V_t=采样流量（L/min）×采样时间（min），L；

T —— 采样点的绝对温度，K；

T_r —— 参比状态下的绝对温度，298.15 K；

P —— 采样点的大气压力，kPa；

P_r —— 参比状态下的大气压力，101.325 kPa。

空气中甲醛浓度按式（3.1-6）计算。

$$c=（A-A_0）\times B_g/V_0 \quad (3.1\text{-}6)$$

式中：c —— 空气中甲醛浓度，mg/m^3；

A —— 样品溶液的吸光度；

A_0 —— 试剂空白溶液的吸光度；

B_g —— 斜率的倒数，μg/吸光度；

V_0 —— 参比状态下的采样体积，L。

测量结果一般保留 3 位有效数字，但当测量结果接近方法检出限时，测量结果表述与检出限小数点后位数保持一致。

八、质量控制与质量保证

1. 现场空白。将装有吸收液的吸收瓶带到采样现场，与样品在相同的条件下保存、运输，直至送交实验室分析，一批做 2 个，结果小于方法检出限。

2. 实验室空白。装有吸收液的吸收瓶留在实验室，与样品经过同样的分析步骤，一批做 2 个，结果小于方法检出限。

3. 平行样。现场加采不少于 10%的平行样，平行样结果相对偏差≤20%。

4. 灵敏度。本法灵敏度为 2.8 μg/吸光度。

5. 本方法甲醛最低检测质量为 0.056 μg，当采气体积为 10 L 时，测量范围为 0.01～0.15 mg/m^3。

6. 干扰及排除。20 μg 酚、2 μg 醛以及二氯化氮对本方法无干扰。二氧化硫共存时，使测定结果偏低。因此，对二氧化硫的干扰不可忽视，可将气样先通过硫酸锰滤纸过滤器（具体可参考 GB/T 18204.26—2000 附录 B 中硫酸锰滤纸的制备方法），予以排除。

7. 再现性。当 5 mL 样品中甲醛含量为 0.1 μg、0.6 μg、1.5 μg 时，重复测定的变异系数分别为 5%、5%、3%。

8. 回收率。当 5 mL 样品中甲醛含量为 0.4～1.0 μg/L 时，样品加标准的回收率为 93%～101%。

九、注意事项

1. 绘制标准曲线时与样品测定时温差不超过 2℃。

2. 若样品测定超过标准曲线的上限，则需要稀释，结果计算需乘以稀释倍数。

实训二 室内空气中氨的测定

标准文本：室内空气中氨的测定（GB/T 18204.2—2014）

一、实训目的

1. 掌握靛酚蓝分光光度法测定公共场所空气中氨含量的原理和方法（GB/T 18204.2—2014）。

2. 熟练掌握采样仪器和分光光度计的操作。

二、实训任务与要求

1. 做好实训预习工作，完成技能考核与评价表相关内容。

2. 根据实训任务准备实验试剂和仪器设备。

3. 规范采集室内空气氨样品，正确填写现场采样记录。

4. 按标准要求绘制标准曲线，并完成样品的分析测试和质控实验。

5. 规范记录和处理实训数据，进行结果计算与评价。

6. 明确质量控制与质量保证要点，完成技能考核习题。

三、方法原理

空气中氨吸收在稀硫酸中，在亚硝基铁氰化钠及次氯酸钠存在的情况下，与水杨酸生成蓝绿色靛酚蓝染料，比色定量。

本法灵敏度为 12.3 μg NH_3/吸光度。

测定范围为 10 mL 样品溶液中含 0.5～10 μg 氨。按本方法规定的条件采气体积为 5 L 时，样品可测氨浓度范围为 0.01～2 mg/m^3。

四、实训准备

（一）配制试剂

1. 无氨水。

2. 吸收液：0.005 mol/L 硫酸溶液。量取 2.8 mL 浓硫酸加入水中，用水稀释至 1 000 mL。临用时再稀释 10 倍。

3. 水杨酸溶液，ρ=50 g/L：称取 10.0 g 水杨酸[$C_6H_4(OH)COOH$]和 10.0 g 柠檬酸钠（$Na_3C_6H_5O_7 \cdot 2H_2O$），加水约 50 mL，再加 55 mL 氢氧化钠[$c(NaOH)$=2 mol/L]，用水稀至 200 mL。此试剂稍有黄色，室温可稳定保存 1 个月。

4. 亚硝基铁氰化钠溶液，ρ=10 g/L：称取 1.0 g 亚硝基铁氰化钠[$Na_2Fe(CN)_5 \cdot NO \cdot 2H_2O$]溶于 100 mL 水中，储于冰箱中，可稳定保存 1 个月。

5. 次氯酸钠原液：次氯酸钠试剂，有效氯不低于 5.2%。

取 1 mL 次氯酸钠原液，用碘量法标定其浓度。

标定方法：称取 2.0 g 碘化钾于 250 mL 碘量瓶中，加水 50 mL 溶解。再加 1.00 mL 次氯酸钠原液，加 0.5 mL（1+1）盐酸溶液，摇匀。暗处放置 3 min，用硫代硫酸钠标准溶液[$c(Na_2S_2O_3)$=0.100 0 mol/L]滴定至浅黄色，加入 1 mL 5 g/L 淀粉指示剂，继续滴定至蓝色刚好褪去为终点。发生的化学反应如下：

$$2I^- + ClO^- + 2H^+ = I_2 + Cl^- + H_2O$$

$$I_2 + 2Na_2S_2O_3 = 2NaI + Na_2S_4O_6$$

记录滴定所用硫代硫酸钠标准溶液的体积，平行滴定 3 次，消耗硫代硫酸钠标准溶液体积之差不应大于 0.04 mL，取其平均值。已知硫代硫酸钠标准溶液的浓度，则次氯酸钠原液浓度按式（3.2-1）计算。

$$c(\mathrm{NaClO})=\frac{c(\mathrm{Na_2S_2O_3})\times V}{1.00\times 2} \tag{3.2-1}$$

式中：$c(\mathrm{NaClO})$ —— 次氯酸钠原液浓度，mol/L；

V —— 滴定时所消耗硫代硫酸钠标准溶液的体积，mL；

$c(\mathrm{Na_2S_2O_3})$ —— 硫代硫酸钠标准溶液的浓度，mol/L。

6. 次氯酸钠使用液，$c(\mathrm{NaClO})$=0.05 mol/L：用 2 mol/L NaOH 溶液将次氯酸钠原液稀释成 0.05 mol/L 的使用液，贮于冰箱中可保存 2 个月。

7. 氨标准贮备液，ρ=1 mg/mL：准确称取 0.314 2 g 经 105℃干燥 1 h 的氯化铵（NH_4Cl）。用少量水溶解，移入 100 mL 容量瓶中，用吸收液稀释至刻度。此液 1.00 mL 含 1 mg 的氨。

8. 氨标准溶液，ρ=1 μg/mL：临用时，将氨标准贮备液用吸收液稀释成 1.00 mL 含 1 μg 氨的标准溶液。

（二）准备仪器和设备

1. 大型气泡吸收管：有 10 mL 刻度线，出气口内径为 1 mm，与管底距离应为 3～5 mm。

2. 空气采样器：流量范围 0～1 L/min。流量稳定可调，采样前和采样后应用皂膜流量计校准采样系列流量，误差小于 5%。

3. 具塞比色列管 10 mL。

4. 分光光度计：可测波长为 697.5 nm，狭缝小于 20 nm。

（三）采样仪器校准

采样前后要用经检定合格的高一级的流量计在采样负载条件下（即需将吸收管串联在大气采样机上）校准采样系统的采样流量，取采样前后两次校准的平均值作为采样流量的实际值。校准时的大气压与温度应与采样时相近，两次校准的误差不得超过 5%。

具体可参照项目二中实训一的相关内容对大气采样器进行校准。

五、样品采集与保存

（一）采样

用一支内装 10 mL 吸收液的气泡吸收管，以 0.5 L/min 的流量采样，采气 5 L，并记录采样时的温度和大气压力。采样后，样品在室温保存，于 24 h 内分析（如图 3.2-1）。

每批样品采集过程中，均应至少采集 1 个平行样。

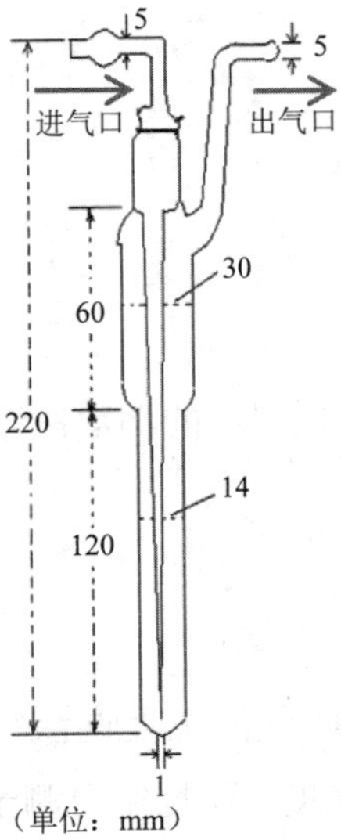

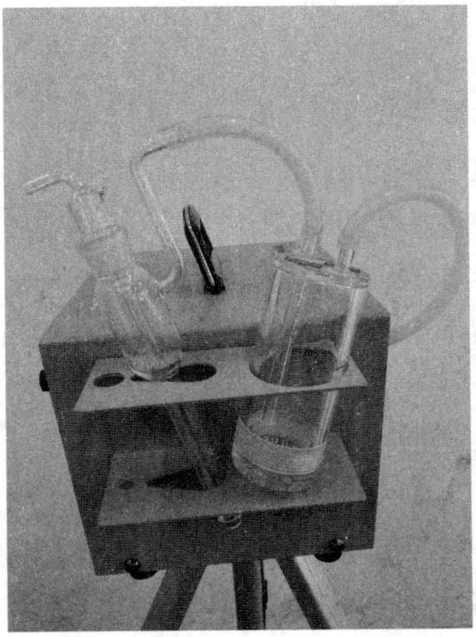

图 3.2-1　室内氨样品采集

（二）设置现场空白

另外将内装 10 mL 吸收液的吸收瓶带到采样现场，不采样，与样品在相同的条件下保存、运输，直至送交实验室分析，运输过程中应注意防止沾污。

要求每次采样至少做 2 个现场空白。

若空白样品检验结果超过测定方法的定量限，则这批样品作废。

六、分析步骤

（一）标准曲线的绘制

取 10 mL 具塞比色管 7 支，按表 3.2-1 制备标准系列管。

表 3.2-1　氨标准系列

管　号	0	1	2	3	4	5	6
标准工作液（1 μg/mL）/mL	0	0.50	1.00	3.00	5.00	7.00	10.00
吸收液/mL	10.00	9.50	9.00	7.00	5.00	3.00	0
氨含量/μg	0	0.50	1.00	3.00	5.00	7.00	10.00

向以上各管中加入 0.50 mL 水杨酸溶液，再加入 0.10 mL 亚硝基铁氰化钠溶液和 0.10 mL 次氯酸钠溶液，混匀，室温下放置 1 h。用 1 cm 比色皿，于波长 697.5 nm 处，以蒸馏水作参比，测定各管溶液的吸光度。以氨含量（μg）为横坐标，吸光度为纵坐标，绘制标准曲线，并用最小二乘法计算校准曲线的斜率、截距及回归方程［式（3.2-2）］。

$$Y = bX + a \tag{3.2-2}$$

式中：Y—— 标准溶液的吸光度；

X—— 氨含量，μg；

a—— 回归方程式的截距；

b—— 回归方程式的斜率，吸光度/μg。

标准曲线斜率 b 应为（0.081±0.003）吸光度/μg。以斜率的倒数作为样品测定时的计算因子（B_s）。

（二）样品测定

将样品溶液转入 10 mL 具塞比色管中，用少量的吸收液洗吸收管，合并，使总体积为 10 mL。再按制备标准曲线的操作步骤测定样品的吸光度。现场空白测定同样品测定步骤。

在每批样品测定的同时，用 10 mL 未采样的吸收液作试剂空白测定。

如果样品溶液吸光度超过标准曲线范围，则可用空白吸收液稀释样品显色后再分析。计算样品浓度时，要考虑样品溶液的稀释倍数。

七、结果表示

将采样体积按式（3.2-3）换算成参比状态下的采样体积。

$$V_0 = V_t \times \frac{T_r}{T} \times \frac{P}{P_r} \tag{3.2-3}$$

式中：V_0—— 参比状态下的采样体积，L；

V_t—— 采样体积，V_t=采样流量（L/min）×采样时间（min），L；

T—— 采样点的绝对温度，K；

T_r—— 参比状态下的绝对温度，298.15 K；

P—— 采样点的大气压力，kPa；

P_r—— 参比状态下的大气压力，101.325 kPa。

空气中氨浓度按式（3.2-4）计算：

$$c(NH_3) = \frac{(A - A_0) \times B_s}{V_0} \times k \tag{3.2-4}$$

式中：$c(NH_3)$—— 空气中氨浓度，mg/m³；

A—— 样品溶液的吸光度；

A_0—— 试剂空白溶液的吸光度；

B_s—— 计算因子，μg/吸光度；

V_0—— 参比状态下的采样体积，L；

k —— 样品溶液的稀释倍数。

测量结果一般保留 3 位有效数字，但当测量结果接近方法检出限时，测量结果表述与检出限小数点后位数保持一致。

八、质量控制与质量保证

1. 现场空白。装有吸收液的吸收瓶带到采样现场，不采样，与样品在相同的条件下保存、运输，直至送交实验室分析，一批做 2 个，结果应小于方法检出限。

2. 实验室空白。装有吸收液的吸收瓶留在实验室，与样品经过同样的分析步骤，一批做 2 个，结果应小于方法检出限。

3. 平行样。现场加采不少于 10%的平行样，平行样结果相对偏差≤20%。

4. 灵敏度。本方法灵敏度为 12.3 μg NH_3/吸光度。

5. 检测下限。当采气体积为 5 L 时，最低检出浓度为 0.01 mg/m^3，测量范围为 0.01～2 mg/m^3。

6. 干扰和排除。对已知的各种干扰物，本方法已采取有效措施进行排除，常见的 Ca^{2+}、Mg^{2+}、Fe^{3+}、Mn^{2+}、Al^{3+}等多种阳离子已被柠檬酸络合；含量 2 μg 以上的苯胺有干扰，H_2S 允许量为 30 μg。

7. 方法的精密度。当每 10 mL 样品中氨含量为 1.0 μg、5.0 μg、10.0 μg 时，其变异系数分别为 3.1%、2.9%、1.0%，平均相对偏差为 2.5%。

8. 方法的准确度。样品溶液中加入 1.0 μg、3.0 μg、5.0 μg、7.0 μg 的氨时，其回收率为 95%～109%，平均回收率为 100.0%。

九、注意事项

本测定方法需特别注意干扰物质的排除，否则会出现发色偏黄、吸光度偏低以及不发色等现象。尤其配制水杨酸时需特别注意溶液的性状。蒸馏无氨水时需注意酸碱条件。次氯酸钠使用一定要定期标定，正确保存，以免失效而影响样品的检测。

实训三　室内空气中苯、甲苯、二甲苯的测定

《室内空气质量标准》（GB/T 18883—2022）附录 C 规定了苯、甲苯、二甲苯的分析方法有固定吸附-热解吸-气相色谱法、活性炭吸附-二硫化碳解吸-气相色谱法、便携式气相色谱法 3 种，本实验采用活性炭吸附-二硫化碳解吸-气相色谱法。

标准文本：《室内空气质量标准》（GB/T 18883—2022）附录 C

一、实训目的

1. 掌握活性炭吸附-二硫化碳解吸-气相色谱法测定室内空气中苯、甲苯、二甲苯含量的原理和方法。

2. 掌握有机物的采样方法。

3. 掌握气相色谱仪的操作。

二、实训任务与要求

1. 做好实训预习工作，完成技能考核与评价表相关内容。

2. 准备采样吸附管，并根据实训任务准备实训器材。

3. 规范采集室内空气苯系物样品，正确填写现场采样记录。

4. 按标准要求绘制标准曲线，并完成样品的分析测试。

5. 规范记录和处理实训数据，进行结果计算与评价。

6. 明确质量控制与质量保证要点，完成技能考核习题。

三、方法原理

用活性炭采样管富集室内空气中的苯、甲苯、二甲苯，再用二硫化碳（CS_2）解吸，然后使用带有氢火焰离子化检测器（FID）的气相色谱仪测定分析，外标法定量。

检出限：以采样体积 24 L 计，苯、甲苯和邻二甲苯的检出限为 0.008 mg/m^3、定量限为 0.03 mg/m^3，间二甲苯和对二甲苯的检出限为 0.013 mg/m^3、定量限为 0.05 mg/m^3。

测量范围：以采样体积 24 L 计，用 1 mL 二硫化碳提取，取 1 μL 进样，苯、甲苯和邻二甲苯的测量范围为 0.03～2 mg/m^3，间二甲苯和对二甲苯的测量范围为 0.05～2 mg/m^3。

四、实训准备

（一）准备试剂

除非另有说明，分析时均使用符合国家标准的分析纯试剂。

1. 二硫化碳：分析纯，经色谱鉴定无干扰峰。

2. 标准贮备液：取适量色谱纯的苯、甲苯、邻二甲苯、间二甲苯、对二甲苯配制于一定体积的二硫化碳中。也可使用有证标准溶液，用二硫化碳稀释至所需质量浓度。

3. 载气：氮气，纯度 99.999%，用净化管净化。

4. 燃烧气：氢气，纯度 99.99%。

5. 助燃气：空气，用净化管净化。

（二）准备仪器和设备

1. 气相色谱仪：配有 FID 检测器。

2. 色谱柱：固定相为聚乙二醇（PEG-20M），30 m×0.25 mm，膜厚 0.25 μm 或等效毛细管柱。

3. 采样装置

无油采样泵，能在 0.02～0.5 L/min 内精确保持流量。流量稳定可调，采样前和采样后应用皂膜流量计校准采样系列流量，误差小于 5%。

4. 活性炭采样管

采样管材质为硬质玻璃，采样管内装有两段特制的活性炭，A 段 100 mg，B 段 50 mg。A 段为采样段，B 段为指示段，两端和前后两段之间用聚氨酯泡沫塑料等固定材料加以固定分隔。如图 3.3-1 所示。

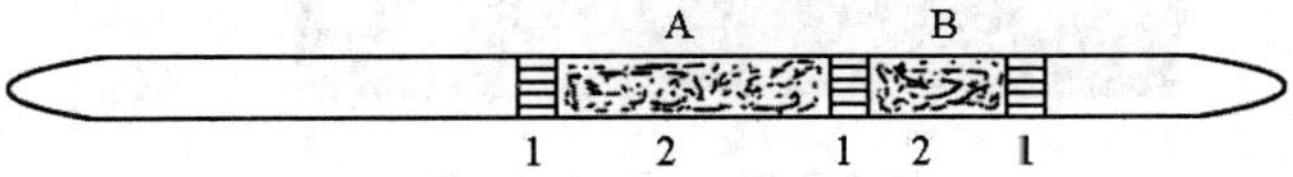

1—聚氨酯泡沫塑料；2—活性炭；A—100 mg 活性炭；B—50 mg 活性炭

图 3.3-1　活性炭采样管

5. 温度计：精度 0.1℃。

6. 气压计：精度 0.01 kPa。

7. 微量进样器：1～5 μL，精度 0.1 μL。

8. 移液管：1.00 mL。

9. 磨口具塞试管：5 mL。

10. 一般实验室常用仪器和设备。

五、样品采集与保存

（一）样品采集

1. 采样前后应对采样器进行流量校准。在采样现场，将一支采样管与空气采样装置相连，调整采样装置流量，此采样管仅作为调节流量用，不用作采样分析。取采样前后两次校准的平均值作为采样流量的实际值。校准时的大气压和温度应与采样时相近，两次校准的误差不得超过 5%。具体可参照项目二中实训一的相关内容对大气采样器进行校准。

2. 敲开活性炭采样管的两端，B 段与采样器相连，A 段为气体入口，垂直向上，检查采样系统的气密性。连续采样时间至少 60 min（废气采样时间为 5～10 min），采样流量为 0.4 L/min。若现场大气中含有较多颗粒物，可在采样管前连接过滤头。同时记录采样器流量、当前温度、气压及采样时间和地点。如图 3.3-2 所示。

3. 采样完毕前，再次记录采样流量，取下采样管，立即用聚四氟乙烯帽密封。

4. 每批样品采集过程中，均应至少采集 1 个平行样。

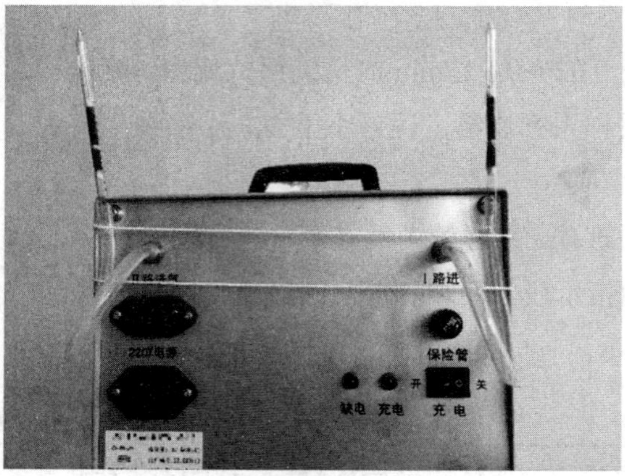

图 3.3-2　苯系物样品采集

（二）现场空白样品的采集

将活性炭管运输到采样现场，敲开两端后立即用聚四氟乙烯帽密封，不参与样品采集，并同已采集样品的活性炭管一同存放并带回实验室分析。每次采集样品，都应至少带一个现场空白样品。

（三）样品的保存

采集好的样品，立即用聚四氟乙烯帽将活性炭采样管的两端密封，避光密闭保存，样品可保存 5 天。

（四）样品的解吸

将活性炭采样管中 A 段和 B 段取出，分别放入磨口具塞试管中，每个试管中各加入 1.00 mL 二硫化碳密闭，在室温下解吸 1 h 后，定时振摇，使活性炭颗粒和二硫化碳充分混匀，静置分层，取上清液分析。

（五）干扰和消除

主要干扰来自二硫化碳的杂质。二硫化碳在使用前应经过气相色谱仪鉴定是否存在干扰峰。如有干扰峰，应对二硫化碳提纯，提纯方法见 HJ 584—2010 中附录 A。

六、分析步骤

（一）推荐分析条件

1. 毛细管柱气相色谱法参考条件

柱箱温度：初始柱温 65℃保持 5 min，以 5℃/min 速率升温到 90℃保持 2 min；柱流量：1 mL/min；进样口温度：150℃；检测器温度：250℃；尾吹气流量：30 mL/min；氢气流量：40 mL/min；空气流量：400 mL/min；分流比：8∶1；分流流量：8 mL/min。

2. 洗针溶剂

气相色谱仪进样针洗针溶剂选择二硫化碳，避免选择甲醇、乙醇等与待测组分保留时间相近的溶剂。

（二）校准

1. 校准曲线的绘制

分别准确移取适量的标准贮备混合液，用二硫化碳定容，配制质量浓度依次为 0.8 μg/mL、1.25 μg/mL、5 μg/mL、10 μg/mL、20 μg/mL 和 50 μg/mL 的校准系列。对于不同待测组分，根据测量范围调整标准系列浓度点。

分别准确吸取标准系列溶液 1.0 μL 注射到气相色谱仪进样口。以待测组分质量浓度为横坐标、对应的响应值为纵坐标绘制校准曲线。

2. 标准色谱图

毛细管柱参考色谱图如图 3.3-3 所示。

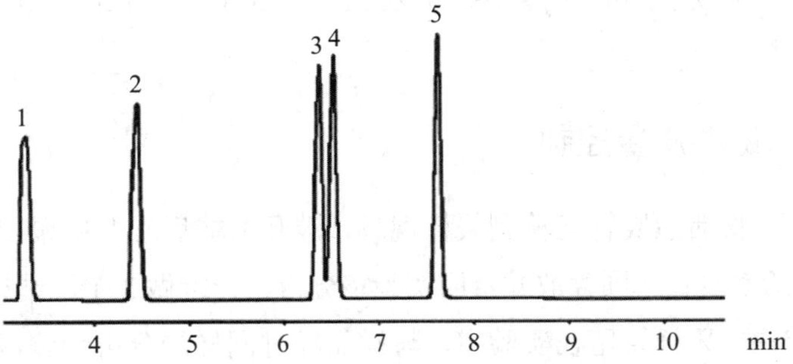

1—苯；2—甲苯；3—对二甲苯；4—间二甲苯；5—邻二甲苯

图 3.3-3　毛细管柱色谱

（三）样品测定

取解吸制备好的样品 1.0 μL，注射到气相色谱仪中，按照与绘制校准曲线相同的仪器分析条件进行测定，目标组分经色谱柱分离后，由 FID 进行检测。记录色谱峰的保留时间和响应值。

1. 定性分析

根据保留时间定性。

2. 定量分析

根据校准曲线计算目标组分含量。

（四）空白试验

现场空白活性炭管与已采样的样品管同批测定，分析步骤同样品测定。

七、结果表示

室内空气中待测组分的浓度按照式（3.3-1）进行计算。

$$\rho = \frac{(\rho_1 - \rho_0) \times V}{V_r} \tag{3.3-1}$$

式中：ρ —— 室内空气中待测组分的质量浓度，mg/m^3；

ρ_1 —— 由校准曲线计算的样品解吸液中待测组分的质量浓度（A 段和 B 段之和），μg/mL；

ρ_0 —— 由校准曲线计算的空白解吸液中待测组分的质量浓度，μg/mL；

V —— 二硫化碳体积，mL；

V_r —— 参比状态下（101.325 kPa，298.15 K）的采样体积，L。

二甲苯结果以邻二甲苯、间二甲苯、对二甲苯总和计。

当测定结果小于 0.1 mg/m^3 时，保留到小数点后 3 位；大于或等于 0.1 mg/m^3 时，保留 3 位有效数字。

八、质量保证和质量控制

1. 现场空白。将活性炭管运输到采样现场，敲开两端后立即用聚四氟乙烯帽密封，并同已采集样品的活性炭管一同存放并带回实验室分析，一批做 2 个，结果小于方法检出限。

2. 实验室空白。采样管留在实验室，与样品经过同样的分析步骤，一批做 2 个，结果小于方法检出限。

3. 平行样。现场加采不少于 10%的平行样，平行样结果相对偏差≤20%。

4. 当空气中水蒸气或水雾太大，以致在活性炭管中凝结时，影响活性炭管的穿透体积及采样效率，空气湿度应小于 90%。

5. 采样前后的流量相对偏差应在 10%以内。

6. 活性炭采样管的吸附效率应在 80%以上，即 B 段活性炭所收集的组分应小于 A 段的

25%，否则应调整流量或采样时间，重新采样。按式（3.3-2）计算活性炭管的吸附效率。

$$K = \frac{M_1}{M_1 + M_2} \times 100 \tag{3.3-2}$$

式中：K——采样吸附效率，%；

M_1——A 段采样量，ng；

M_2——B 段采样量，ng。

7. 每测试 20 个样品，应测定一次校准曲线中间浓度点，确认仪器性能是否发生显著变化。若该点结果相对偏差大于 20%，需要查明原因，必要时重新绘制校准曲线。校准曲线应使用至少 5 个浓度点（除空白外），且最低点浓度应接近方法定量限，相关系数应大于 0.99。

8. 使用的活性炭应有足够的吸附容量，能满足检测的需要。在气温 35℃、相对湿度 90%以下的环境条件下，穿透容量不低于 2 mg 被测物，活性炭管的苯、甲苯和二甲苯本底值应低于方法检出限。

九、注意事项

1. 若空气中颗粒物含量较高，则需在采样管前串接一段除尘管，以免堵塞吸附剂，降低吸附效率。

2. 需考虑吸附剂的温度适用范围，若气体温度过高，则需进行降温冷却处理。

3. 苯系物和二硫化碳易挥发，对人体有害，使用时需佩戴防毒面具、防化学品手套，在通风橱内进行。

4. 实验过程中产生的有机废液须集中收集，统一处理。

5. 活性炭管前处理时需戴手套，以防玻璃伤手。

6. 使用氢气时，应定期进行气密性检查，确定各路管道无泄漏现象，实验完毕，与氢气有关的阀门都应关闭。建议使用氢气发生器和漏气报警装置。

7. 钢瓶放置在阴凉处，避免阳光直射，且要固定。

实训四　室内空气中总挥发性有机物（TVOC）的测定

一、实训目的

标准文本：《室内空气质量标准》（GB/T 18883—2022）附录 D

1. 掌握气相色谱-质谱联用仪测定室内空气中总挥发性有机物含量的原理和方法（GB/T 18883—2022 附录 D）。

2. 掌握 TVOC 的采样方法。

3. 掌握气相色谱-质谱联用仪的操作。

二、实训任务与要求

1. 做好实训预习工作，完成技能考核与评价表相关内容。
2. 准备采样吸附管，并根据实训任务准备实训器材。
3. 规范采集室内空气中的 TVOC 样品，正确填写现场采样记录。
4. 按标准要求绘制标准曲线，并完成样品的分析测试。
5. 规范记录和处理实训数据，进行结果计算与评价。
6. 明确质量控制与质量保证要点，完成技能考核习题。

三、方法原理

用吸附管采集一定体积的空气样品，空气流中的挥发性有机物保留在吸附管中。采样后，将吸附管置于热解吸仪中解吸，待测样品随惰性载气进入气相色谱-质谱联用仪，外标法定量。

四、实训准备

（一）准备试剂

分析过程中使用的试剂应为色谱纯；如果为分析纯，需经纯化处理，保证色谱分析无杂峰。

1. 标准储备溶液，ρ=1 000 mg/L：直接使用市售有证标准溶液；也可用市售标准品配制，用甲醇稀释至所需质量浓度。
2. 甲醇（CH_3OH）：色谱纯。
3. 高纯氮（N_2）：氮的质量分数为 99.999%。
4. 氦气（He）：99.999%。

（二）准备仪器和设备

1. 吸附管：不锈钢或硬质玻璃材质，外径 6.3 mm，内径 5 mm，长 90 mm（或 180 mm），填装至少 200 mg 粒径为 0.18～0.25 mm（60～80 目）的 Tenax TA 吸附剂（如图 3.4-1）。吸附管的安全采样体积为 5 L。吸附管使用前需活化处理。

图 3.4-1　不锈钢吸附管

2. 微量注射器：10 μL。

3. 空气采样器。恒流空气个体采样泵，流量范围 0.02～0.5 L/min，流量稳定。使用时用皂膜流量计校准采样系统在采样前和采样后的流量。流量误差应小于 5%。

4. 气相色谱质谱仪：配备电子轰击离子源（EI）。

5. 色谱柱：固定相为 5%二苯基/95%二甲基聚硅氧烷的毛细管柱，0.25 mm×30 m，膜厚 0.25 μm，或等效非极性毛细管柱。

6. 热解吸仪：能对吸附管进行二次热解吸，并将解吸气用惰性气体载带进入气相色谱仪（如图 3.4-2）。解吸温度、时间和载气流速是可调的。冷阱可将解吸样品进行浓缩。

7. 老化装置：最高温度应能达到 350℃以上，最大载气流量至少能达到 100 mL/min。

8. 液体外标法制备标准系列的注射装置：常规气相色谱进样口，可以在线使用，也可以独立装配，保留进样口载气连线，进样口下端可与吸附管相连。

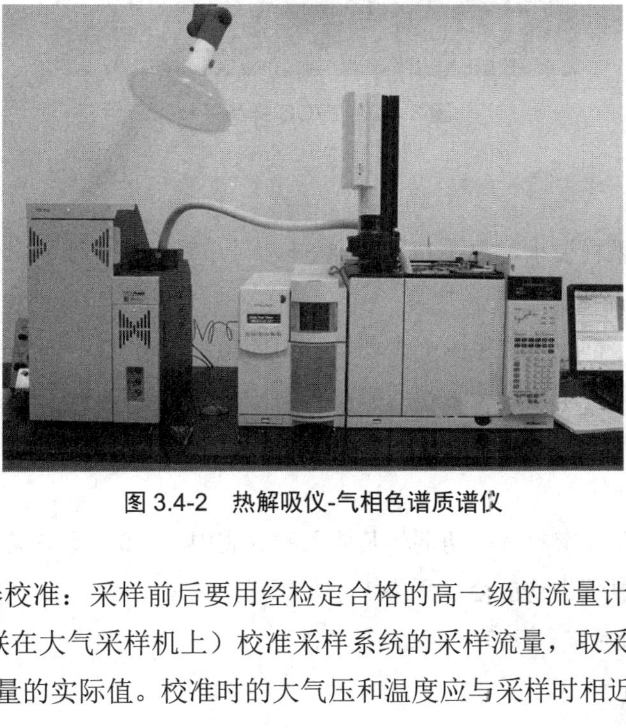

图 3.4-2　热解吸仪-气相色谱质谱仪

9. 空气采样器校准：采样前后要用经检定合格的高一级的流量计在采样负载条件下（即需将吸附管串联在大气采样机上）校准采样系统的采样流量，取采样前后两次校准的平均值作为采样流量的实际值。校准时的大气压和温度应与采样时相近，两次校准的误差不得超过 5%。

具体可参照项目二中实训一的相关内容对大气采样器进行校准。

五、样品采集

实训视频：室内空气中 TVOC 的测定——样品采集

《室内空气质量标准》（GB/T 18883—2022）规定了总挥发性有机物 8 h 均值限值，按照采样原则，可先进行筛选法采样，当筛选法采样不达标时，再进行累积法采样。

1. 筛选法采样

将老化好的吸附管与空气采样器连接（如图 3.4-3）。推荐的采样方法参数为连续采样时间至少 45 min，采样流量为 0.1 L/min。

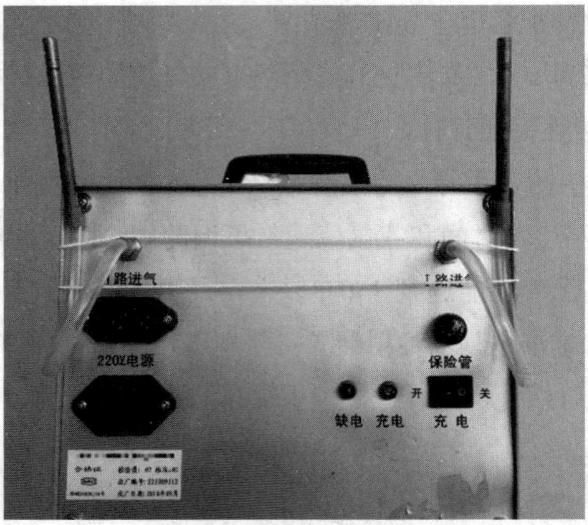

图 3.4-3 TVOC 样品采集

2. 累积法采样

按照筛选法的采样要求，至少连续采样 6 h，每小时更换一根吸附管。

3. 现场空白样品采集

每次采集样品，都应采集至少一个现场空白样品。现场空白样品的采集方式为将老化后的吸附管运输到采样现场，取下密封帽后重新密封，不参与样品采集，同已采集样品的吸附管一同存放。

4. 样品保存

采样后将管取下，密封管的两端将其放入密封袋中。–20℃冷冻保存，于 7 天内分析。每批样品采集过程中均应至少采集 1 个平行样。

注：吸附管连接时有刻痕的一端为进气口。

六、分析步骤

（一）样品的解吸和浓缩

将吸附管安装在热解吸仪上，加热，使有机蒸气从吸附剂上解吸下来，并被载气流带入冷阱，进行预浓缩，载气流的方向与采样时的方向相反。然后再以低流速快速解吸，经传输线进入毛细管气相色谱-质谱联用仪。传输线的温度应足够高，以防止待测成分凝结。解吸条件见表 3.4-1。

表 3.4-1 解吸条件

解吸温度/℃	220
解吸时间/min	15
解吸气流量/（mL/min）	30
冷阱的制冷温度/℃	–15
冷阱的加热温度/℃	300
冷阱保持时间/min	3
载气	氦气，流速 0.8 mL/min
采样管解吸流速/（mL/min）	30
传输线温度/℃	200

（二）色谱分析条件

柱操作条件为程序升温，初始温度 40℃保持 15 min，以 10℃/min 的速率升温至 320℃，保持 2 min；进样口温度：200℃；柱流量：0.8 mL/min；载气：氦气；分流比：5∶1。

（三）质谱条件

电子轰击离子源（EI）；电子能量为 70 eV；离子源温度为 200℃；传输线温度为 200℃；全扫描模式，质谱扫描范围为 40～300 u。特征目标化合物测定参考参数见表 3.4-2。

表 3.4-2 特征目标化合物测定参考参数

序号	化合物	保留时间/min	定性离子 *m/z*	定量离子 *m/z*
1	正己烷	2.913	41，86	57
2	乙酸乙酯	3.005	61，45	43
3	三氯甲烷	3.119	47	83
4	苯	3.579	77	78
5	四氯化碳	3.598	78	117
6	环己烷	3.612	56	84
7	正庚烷	4.212	71	43
8	三氯乙烯	4.228	95	60
9	甲基环己烷	4.792	55	83
10	甲苯	6.091	91	76
11	正辛烷	7.575	43	57，85
12	四氯乙烯	7.758	129	166
13	乙酸丁酯	8.332	43	56
14	氯苯	10.293	112	77
15	乙苯	11.527	106	91
16	间二甲苯	12.358	106	91
17	对二甲苯	12.501	106	91
18	苯乙烯	14.54	91	104

序号	化合物	保留时间/min	定性离子 m/z	定量离子 m/z
19	邻二甲苯	14.602	106	91
20	正壬烷	15.933	57	43
21	1,4-二氯苯	20.96	111	146
22	正十六烷	30.332	71	57

（四）校准曲线的绘制

实训视频：室内空气中 TVOC 的测定——标准样品制备

实训视频：室内空气中 TVOC 的测定——标准管制备

实训视频：室内空气中 TVOC 的测定——活化仪的使用

实训视频：室内空气中 TVOC 的测定——热解吸仪的使用

实训视频：室内空气中 TVOC 的测定——气相色谱开机

实训视频：室内空气中 TVOC 的测定——仪器参数设置

实训视频：室内空气中 TVOC 的测定——数据处理

分别准确移取不同体积的标准贮备溶液混合，用甲醇定容，配制质量浓度分别为 2.5 mg/L、5 mg/L、10 mg/L、20 mg/L、50 mg/L、100 mg/L 的标准系列。分别准确吸取 10 μL 标准系列溶液注入液体外标法制备标准系列的注射装置中，连接上老化好的吸附管，以 100 mL/min 的流量通惰性气体 10 min 后取下，密封吸附管两端，制备成特征目标化合物含量分别为 25 ng、50 ng、100 ng、200 ng、500 ng 和 1 000 ng 的标准系列管。

按照仪器推荐分析条件对标准系列管进行分析，以特征目标化合物质量为横坐标、对应的响应值为纵坐标，绘制校准曲线。特征目标化合物参考色谱图见图 3.4-4。

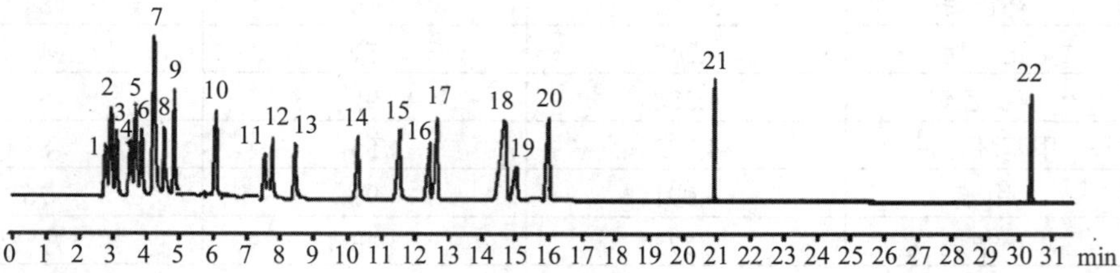

标引序号说明：

1—正己烷；
2—乙酸乙酯；
3—三氯甲烷；
4—苯；
5—四氯化碳；
6—环己烷；
7—正庚烷；
8—三氯乙烯；
9—甲基环己烷；
10—甲苯；
11—正辛烷；
12—四氯乙烯；
13—乙酸丁酯；
14—氯苯；
15—乙苯；
16—间二甲苯；
17—对二甲苯；
18—苯乙烯；
19—邻二甲苯；
20—正壬烷；
21—1,4-二氯苯；
22—正十六烷

图 3.4-4　特征目标化合物参考色谱图

（五）样品分析

按照与绘制校准曲线相同的仪器推荐分析条件进行测定。现场空白吸附管与已采样的样品管同批测定。对于表 3.4-2 中列出的特征目标化合物，根据保留时间和特征离子进行定性；其他满足 TVOC 定义要求的化合物，通过比对标准质谱图，进行定性。对于表 3.4-2 中列出的特征目标化合物，通过对应的校准曲线计算待测组分含量；其他满足 TVOC 定义要求的化合物以甲苯的校准曲线计算总含量。

七、结果计算与表示

（一）结果计算

室内空气样品中待测组分的浓度按式（3.4-1）计算。

$$c=\frac{m-m_0}{V_r}\times 1\,000 \tag{3.4-1}$$

式中：c —— 空气样品中待测组分的质量浓度，μg/m³；

m —— 由校准曲线计算的样品管中待测组分的质量，μg；

m_0 —— 由校准曲线计算的空白管中待测组分的质量，μg；

V_r —— 参比状态下的采样体积，L。

（二）结果表示

TVOC 浓度应合并特征目标化合物和浓度大于 2 μg/m³ 的未校正化合物，按甲苯的响应系数计算。累积法采样时最终浓度应以时间加权平均值表示。

八、方法特性

1. 检出限和测量范围：特征目标化合物的检出限、定量限和测量范围见表 3.4-3。

表 3.4-3　特征目标化合物的测量范围、检出限和定量限　　单位：μg/m³

序号	组分名称	测量范围	检出限	定量限
1	正己烷	5～200	0.3	1.2
2	乙酸乙酯	5～200	0.5	2.0
3	三氯甲烷	5～200	0.4	1.6
4	苯	5～200	0.3	1.2
5	四氯化碳	5～200	0.5	2.0
6	环己烷	5～200	0.5	2.0
7	正庚烷	5～200	0.4	1.6

序号	组分名称	测量范围	检出限	定量限
8	三氯乙烯	5～200	0.4	1.6
9	甲基环己烷	5～200	0.6	2.5
10	甲苯	5～200	0.7	2.8
11	正辛烷	5～200	0.6	2.5
12	四氯乙烯	5～200	0.6	2.5
13	乙酸丁酯	5～200	0.8	3.2
14	氯苯	5～200	0.7	2.8
15	乙苯	5～200	0.7	2.8
16	间二甲苯	5～200	0.9	3.6
17	对二甲苯	5～200	0.6	2.5
18	苯乙烯	5～200	0.9	3.6
19	邻二甲苯	5～200	0.6	2.4
20	正壬烷	5～200	0.7	2.8
21	1,4-二氯苯	5～200	0.8	3.2
22	正十六烷	5～200	1.0	4.0

2. 精密度和回收率。

对特征目标化合物加标浓度在 20～90 μg/m^3 的室内空气加标样品进行测定，加标回收率和精密度见表 3.4-4。

对室内空气实际样品进行测定，TVOC 浓度的精密度范围为 3.1%～16.5%。

表 3.4-4　特征目标化合物的加标回收率和精密度

序号	组分名称	加标回收率/%	精密度/%
1	正己烷	61.7～132.3	6.7～25.8
2	乙酸乙酯	60.0～128.1	6.0～20.6
3	三氯甲烷	60.5～132.1	13.4～23.5
4	苯	60.3～132.2	5.1～20.1
5	四氯化碳	50.3～122.4	5.8～16.8
6	环己烷	59.9～132.3	6.1～22.2
7	正庚烷	64.9～135.0	6.0～20.4
8	三氯乙烯	59.4～133.3	6.0～22.3
9	甲基环己烷	61.6～105.8	5.6～17.0
10	甲苯	62.5～125.3	8.4～28.3
11	正辛烷	58.7～130.2	5.6～20.4
12	四氯乙烯	56.0～134.1	5.9～23.0
13	乙酸丁酯	79.8～132.2	3.5～16.7
14	氯苯	61.5～131.1	5.4～19.3
15	乙苯	66.3～127.5	4.6～22.1

序号	组分名称	加标回收率/%	精密度/%
16	间二甲苯	61.2～123.2	3.8～13.9
17	对二甲苯	58.2～133.2	7.6～16.1
18	苯乙烯	57.0～130.3	5.0～22.4
19	邻二甲苯	59.9～132.1	4.1～21.9
20	正壬烷	54.2～123.6	5.5～15.7
21	1,4-二氯苯	50.4～128.5	8.0～17.5
22	正十六烷	58.1～135.2	13.7～29.9

九、质量控制与质量保证

1. 每批次样品采集前，应抽取 10%的吸附管进行空白检验，特征目标化合物和未校正化合物（以甲苯计）浓度应小于方法检出限，否则应重新老化。

2. 校准曲线法应至少使用 5 个浓度梯度的标准溶液（除空白外），且最低点浓度应接近方法定量限，相关系数应大于 0.99。

3. 每测试 20 个样品，应测定一次校准曲线中间浓度点，确认仪器性能是否发生显著变化。若该点结果相对偏差大于 20%，需要查明原因，必要时重新绘制校准曲线。

十、注意事项

1. 未识别的色谱峰以甲苯计。

2. 应避免在样品分析环境中使用有机溶剂，以降低和消除有机溶剂挥发造成的干扰。

3. 进样系统、冷阱系统中可能会有残留的挥发性有机物，应定期启动冷阱系统的烘烤程序，去除残留。

4. 吸附管中残留的挥发性有机物对测定的干扰较大，采集样品前应充分进行老化。

5. 吸附管重复使用后，吸附效果可能会下降，应定期检查，更换吸附管或重新装填吸附剂。

6. 操作期间，实验人员应避免使用含挥发性成分的日用化学品。

项目四　固定污染源监测

思政导读：习近平总书记在党的二十大报告中提出，推动绿色发展，促进人与自然和谐共生。大自然是人类赖以生存发展的基本条件。尊重自然、顺应自然、保护自然，是全面建设社会主义现代化国家的内在要求。必须牢固树立和践行绿水青山就是金山银山的理念，站在人与自然和谐共生的高度谋划发展。

"十四五"是开启全面建设社会主义现代化国家新征程的第一个五年，2021 年《中共中央 国务院关于深入打好污染防治攻坚战的意见》（以下简称《意见》）印发实施。《意见》提出，到 2025 年，地级及以上城市 $PM_{2.5}$ 浓度下降 10%，空气质量优良天数比率达到 87.5%，重污染天气基本消除。主要从以下几方面推动大气污染防控：1. 着力打好重污染天气消除攻坚战，聚焦秋冬季细颗粒物污染，加大重点区域、重点行业结构调整和污染治理力度。2. 着力打好臭氧污染防治攻坚战，聚焦夏秋季臭氧污染，大力推进挥发性有机物和氮氧化物协同减排。3. 持续打好柴油货车污染治理攻坚战，深入实施清洁柴油车（机）行动，全国基本淘汰国三及以下排放标准汽车，推动氢燃料电池汽车示范应用，有序推广清洁能源汽车。4. 加强大气面源和噪声污染治理，强化施工、道路、堆场、裸露地面等扬尘管控，加强城市保洁和清扫。加大餐饮油烟污染、恶臭异味治理力度。强化秸秆综合利用和禁烧管控。为深入打好蓝天保卫战，需要加强污染源的监控监管，建立基于排污许可证的排污单位监管执法体系和自行监测监管机制，依法严厉打击危险废物非法转移、倾倒、处置等环境违法犯罪，严肃查处环评、监测等领域弄虚作假行为。

实训一　工业源高浓度烟尘（气）测定

2017 年，环境保护部发布了《固定污染源废气　低浓度颗粒物的测定　重量法》（HJ 836—2017），该标准规定了测定固定污染源废气中低浓度颗粒物的重量法。另外，环境保护部对《固定污染源排气中颗粒物测定与气态污染物采样方法》（GB/T 16157—1996）进行了修改，增加了“1.3　在测定固定污染源排气中颗粒物浓度时，浓度小于等于 20 mg/m^3 时，适用 HJ 836（《固定污染源废气　低浓度颗粒物的测定　重量法》）；浓度大于 20 mg/m^3 且不超过 50 mg/m^3 时，本标准与 HJ 836 同时适用。采用本标准测定浓度小于等于 20 mg/m^3 时，测定结果表述为‘＜20 mg/m^3’。”采用 HJ 836 测定结果大于 50 mg/m^3 时，表述为“＞50 mg/m^3”。

标准文本：《固定污染源排气中颗粒物测定与气态污染物采样方法》（GB/T 16157—1996）及修改单

一、实训目的

1. 掌握工业源有组织排放的布点方法。
2. 掌握烟道气基本状态参数的测定方法。
3. 掌握工业源高浓度烟尘（气）的测定方法。
4. 熟练掌握自动烟尘（气）测试仪的使用方法。

二、实训任务与要求

1. 做好实训预习工作，完成技能考核与评价表相关内容。
2. 根据实训任务准备实训器材。
3. 按照标准规范要求做好采样准备，完成仪器设备的检查与校准、滤筒的处理和称重。
4. 规范采集和测定固定污染源废气高浓度颗粒物样品，正确填写现场采样和分析原始记录表，明确质量控制与质量保证要点。
5. 完成技能考核习题。

三、烟尘测定原理

在选定的采样点上，通过采样管从烟道中按等速采样的原则抽取一定量的含尘气，经捕集装置将尘粒捕集下来，根据捕集的烟尘量，求出烟尘浓度。

四、仪器和材料

1. 自动烟尘（气）测试仪（含配套烟枪），如图 4.1-1 至图 4.1-4 所示。

图 4.1-1　3012H 型自动烟尘（气）测试仪

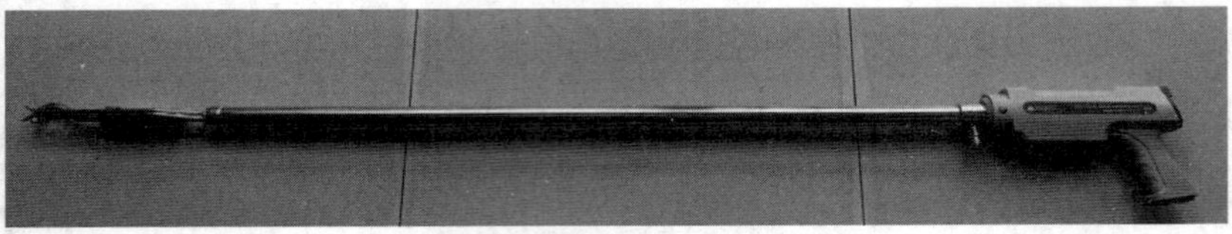

图 4.1-2　烟尘多功能取样管

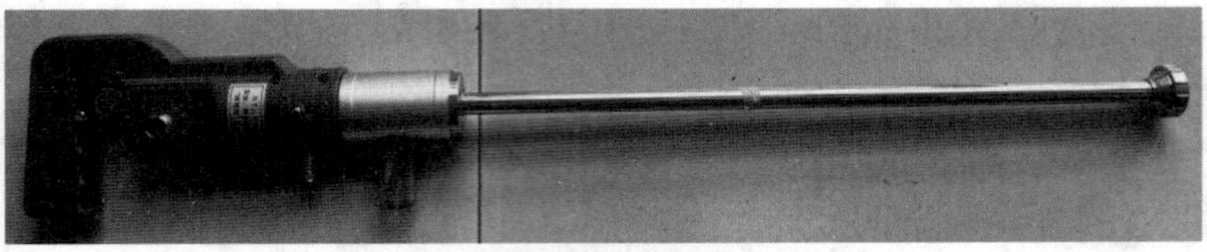

图 4.1-3　烟气含湿量温度检测器

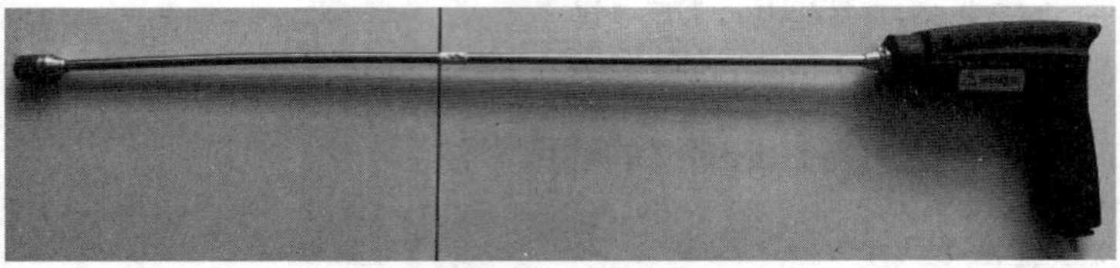

图 4.1-4　烟气取样器

2. 便携式气体、粉尘、烟尘采样仪综合校准装置（如图 4.1-5）。

图 4.1-5　7040 型便携式气体、粉尘、烟尘采样仪综合校准装置

3. 玻璃纤维滤筒（如图 4.1-6）。

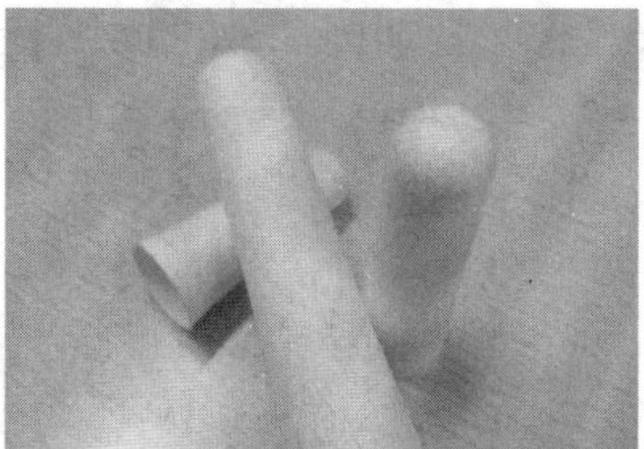

图 4.1-6　玻璃纤维滤筒

4. 镊子、干燥剂、棉手套、有色胶布、洗瓶等。

五、实训准备

（一）滤筒前处理和称重

用铅笔将滤筒编号，在 105～110℃烘箱内烘烤 1 h，取出放入干燥器中冷却至室温。用感量 0.1 mg 天平称量，两次重量之差不超过 0.5 mg，放入专用容器中保存。

实训视频：高浓度烟尘烟气测定——采样前后滤筒的处理

（二）干燥剂的装填

将干燥筒底盖旋开，加入约 3/4 体积的具有充分干燥能力的变色硅胶（颗粒状），然后将筒盖旋紧即可。

（三）检查仪器功能

确认电源为 220 V 后，接通电源线，面板开关指示灯亮，打开电源开关，工作指示灯亮，检查显示器、键盘、采样泵等是否正常。

（四）采样器流量校准

实训视频：高浓度烟尘烟气测定——烟尘流量的校准

采用精度更高一级的校准装置对自动烟尘（气）测试仪进行流量校准。

1. 校准装置的流量范围应该包含待校准的流量，校准前先对校准装置进行校零。

2. 用硅胶管将校准装置出气口与自动烟尘（气）测试仪进气口连接（如图 4.1-7）。

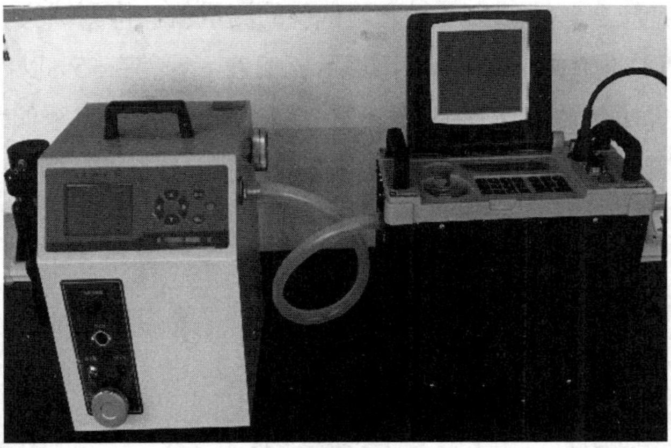

图 4.1-7　校准装置与自动烟尘（气）测试仪连接

3. 进入自动烟尘（气）测试仪维护界面，输入密码，选择流量标定，输入校准时现场的温度和压力。标定前先对自动烟尘（气）测试仪进行压力调零，待所有压力数值均回到零且保持不变时，结束调零。

4. 选取自动烟尘（气）测试仪某一流量值 Q（如 20 L/min、30 L/min、40 L/min、50 L/min），进行流量校准。启动采样泵，待自动烟尘（气）测试仪流量稳定后，观察校准装置的实测值 Q_0。根据式（4.1-1）计算示值误差。

$$\text{示值误差}=\frac{Q-Q_0}{Q_0}\times 100\% \qquad (4.1\text{-}1)$$

式中：Q —— 自动烟尘（气）测试仪显示的瞬时流量值；

Q_0 —— 校准仪显示的瞬时流量。

注：烟尘流量标定按照由低流量点到高流量点逐点进行。

自动烟尘（气）测试仪允许的流量误差范围要求符合《烟尘采样器技术条件》（HJ/T 48）和《烟气采样器技术条件》（HJ/T 47）。若误差超过此范围，则需调节该流量点的倍率，根据式（4.1-2）计算。重新校准，直至流量误差满足要求。

$$\text{新倍率}=\frac{\text{标准值}}{\text{测量值}}\times\text{原倍率} \qquad (4.1\text{-}2)$$

（五）烟气校准

实训视频：高浓度烟尘烟气测定——烟气组分的校准（以 SO_2 为例）

采用标准气体对烟气传感器进行校准。

1. 进入自动烟尘（气）测试仪“维护”界面的烟气标定，首先对烟气进行校准，通入新鲜空气，启动烟气采样泵开始预校准，预校准 5～10 min 后，执行“开始校准”，直到含氧量到 21%，有害气体到 0，结束校准。

2. 通入采样仪器量程 20%～30%、50%～60%、80%～90%处浓度或与待测物相近浓度的标准气体校准，观察自动烟尘（气）测试仪的测量值，待测试仪显示烟气数值稳定后（数值在 1 min 内基本不变），根据公式计算示值偏差，偏差在±5%以内为合格。若偏差超过此范围，则根据式（4.1-2）计算烟气修正倍率，重新校准，直至偏差满足要求。

3. 撤掉标气，用清洁空气清洗传感器，直至测试仪显示烟气数值接近 0。

六、皮托管平行测速采样法采样步骤

实训视频：3012H 型自动烟尘（气）测试仪操作

实训视频：固定污染源废气监测现场采样作业安全防护

实训视频：高浓度烟尘烟气测定——现场采样与监测

按照等速采样原则进行烟尘测定，利用仪器直接测试法测量烟气中 O_2、SO_2、NO、NO_2、CO 含量等。本实训以 3012H 型自动烟尘（气）测试仪为例进行介绍。

采样步骤如下。

（一）选择监测断面

优先选择在气流分布均匀稳定的垂直管段，避开烟道弯头、阀门、变径管、三通阀等易产生涡流的阻力构件和断面急剧变化的部位。采样位置应设置在距弯头、阀门、变径管下游方向不小于 6 倍直径，距上述部件上游方向不小于 3 倍直径处。对矩形烟道，可用当量直径确定采样位置，其当量直径 $D=2AB/(A+B)$，其中 A、B 为边长。采样断面的气流速度最好在 5 m/s 以上。

当测试现场空间位置有限，很难满足上述要求时，可选择比较适宜的管段采样，但采样断面与弯头等的距离至少是烟道直径的 1.5 倍，并应适当增加测点的数量和采样频次。

图 4.1-8 为圆形烟道，内径为 50 cm，各采样孔与风机出口的距离如图 4.1-8 所示，根据监测断面选择原则，选择合适的采样断面。

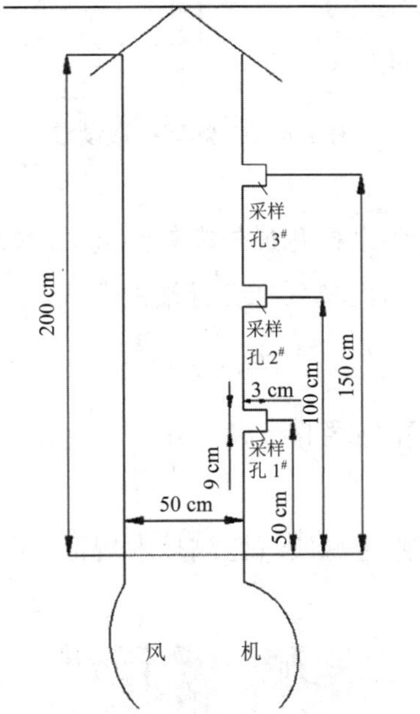

图 4.1-8　烟囱采样孔模拟选择

（二）设置采样点

仪器接通电源，自检完毕后，先对日期、时间、大气压、皮托管系数等进行设置，S 形皮托管系数 K_p 为 0.84±0.01。再根据烟囱的形状和尺寸进行采样点布设（如图 4.1-9）。

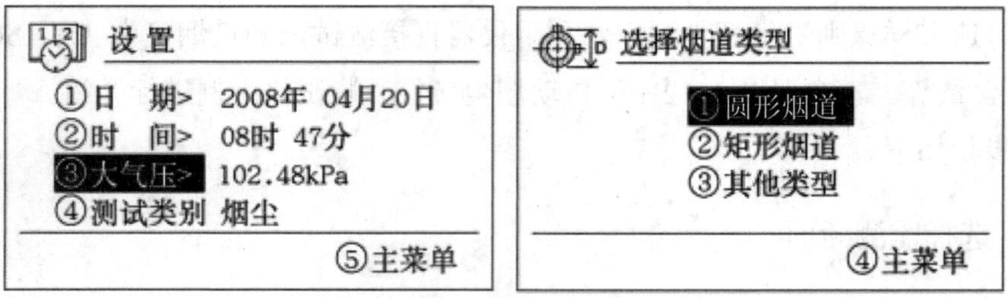

图 4.1-9 仪器参数设置和采样点布设

以圆形烟道为例说明采样点的选择。将烟枪从采样孔水平插入，放在直径线位置，测量烟道的内径 D，输入自动烟尘（气）测试仪，则面积和采样环数自动计算（如图 4.1-10）。采样环数也可根据现场实际情况参照《固定源废气监测技术规范》（HJ/T 397—2007）进行更改。

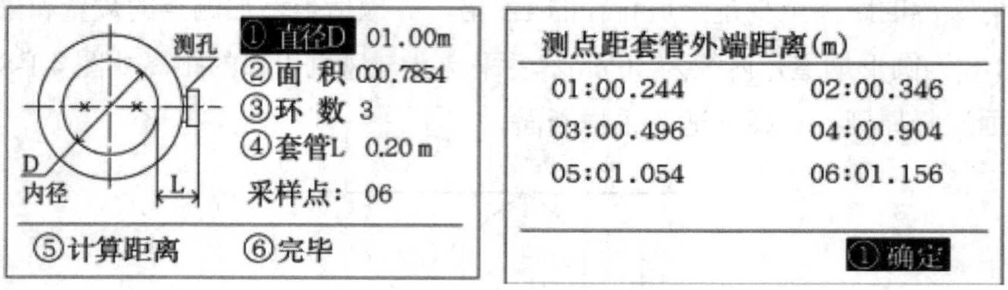

图 4.1-10 烟囱参数设置

测量套管长（即烟囱内壁到采样孔最外端的距离 L）如图 4.1-11 所示。输入套管长，根据式（4.1-3）算出每个采样点距离采样孔外端的距离。

$$S=D\times K+L \tag{4.1-3}$$

式中：S —— 采样点距离采样孔外端的距离，m；

D —— 烟囱内径，m；

K —— 系数，可查阅《固定源废气监测技术规范》（HJ/T 397—2007）；

L —— 套管长，m。

图 4.1-11 烟囱套管示意

按照自动烟尘（气）测试仪计算的距离（此距离已加了套管长度），从采样嘴中间位置开始测量，将各采样点的位置在采样管上做好标记（如图 4.1-12）。

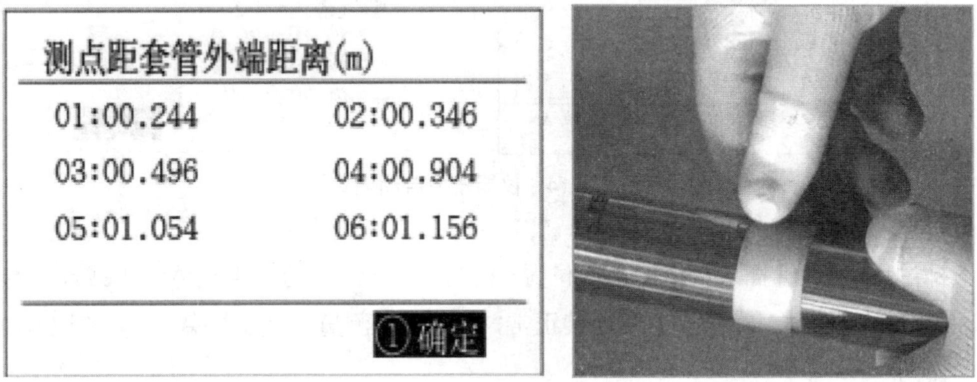

图 4.1-12 采样点位置标记示意

（三）预测流速，选择采样嘴

1. 皮托管与主机连接。用橡胶管将组合采样管皮托管的“＋”“－”极与主机相应的“＋”“－”极接嘴连接，采样管需接地，以防触电（如图 4.1-13）。数据线插入主机面板上 Ts/Xsw 信号接口，用于测量烟温。

图 4.1-13 皮托管与采样主机连接示意

2. 打开烟道的采样孔，清除孔中的积灰。

3. 进入“工况”测量（即烟温和烟气流速测定）。首先进行仪器的自动调零（如图 4.1-14）。断开主机“＋”“－”极接嘴的橡胶管，使仪器暴露在环境空气中进行零点校准，待各压力归为零后进行烟气温度测定。

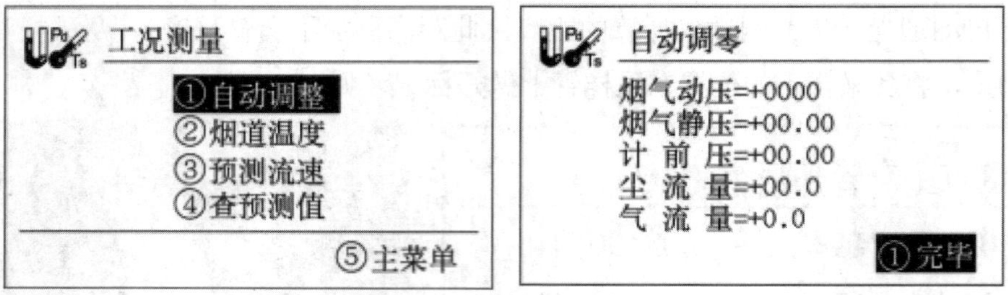

图 4.1-14　仪器压力自动调零

4. 将组合采样管插入烟道的中心位置，密封采样孔，以防有害气体喷出或环境空气倒吸进入烟道影响测试，确保数据线连接正常，进入烟温测量，待数据稳定后，读取数据（如图 4.1-15）。

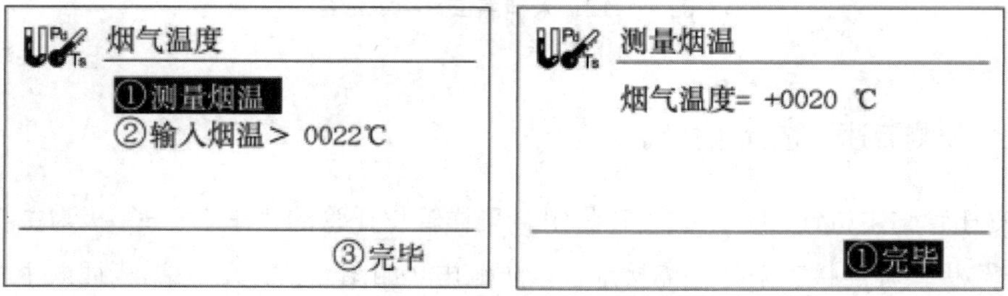

图 4.1-15　烟气温度测定

5. 预测流速。将组合采样管插入烟道中，皮托管一端正对气流，另一端背向气流，偏差不得超过 10°，密封采样孔。根据“（二）设置采样点”的布点数，通过移动采样管定位测点，按确认当前值测量几个不同测点的动压、静压、全压及流速。测量完毕后，仪器给出该烟道的平均动压、平均静压、烟气温度、预测的平均流速、预测的烟气流量及仪器自动选择的采样嘴直径（如图 4.1-16）。

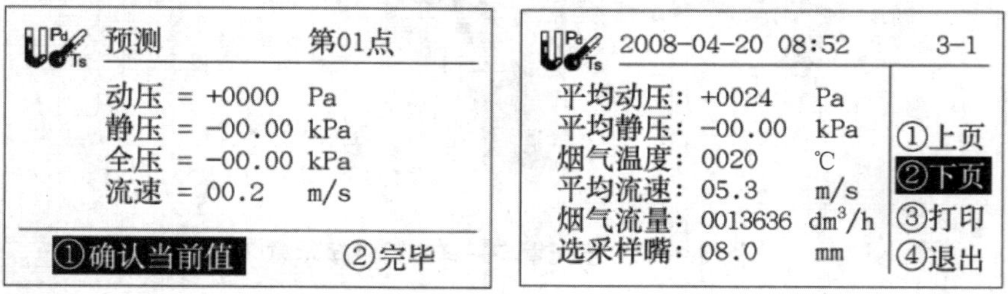

图 4.1-16　预测流速

（四）烟气含湿量测定

含湿量测定装置注水，并将其抽气管和信号线与主机连接，将采样管插入烟道中心位置，密封采样孔，测定烟气中水分含量，当湿球温度稳定后，读取烟气的含湿量（如图 4.1-17）。

图 4.1-17　湿度枪连接示意

（五）烟气分析

测量 O_2、SO_2、NO、NO_2、CO 等含量。

用硅橡胶管连接主机上的烟气接嘴和烟气取样器上的接嘴，烟气经取样器上的过滤装置过滤后进入主机，实时在线分析（如图 4.1-18）。

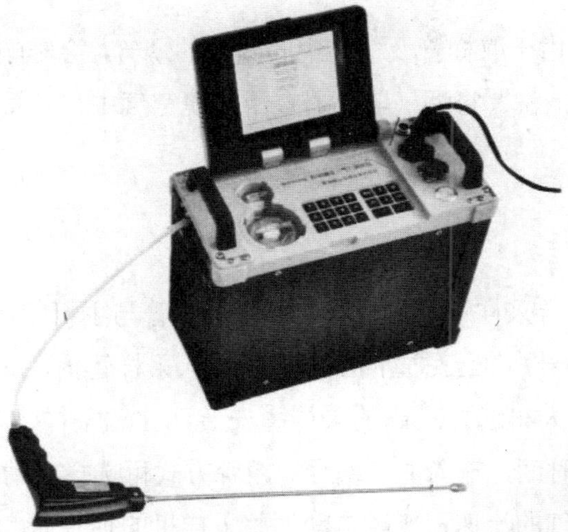

图 4.1-18　烟气取样器连接示意

1. 烟气校准：烟气测量时须用新鲜空气校准。将烟气取样器置于环境空气中，待显示值稳定 5～10 min 后，执行“开始校准”，直到含氧量到 21%，有害气体到 0，结束校准（如图 4.1-19）。

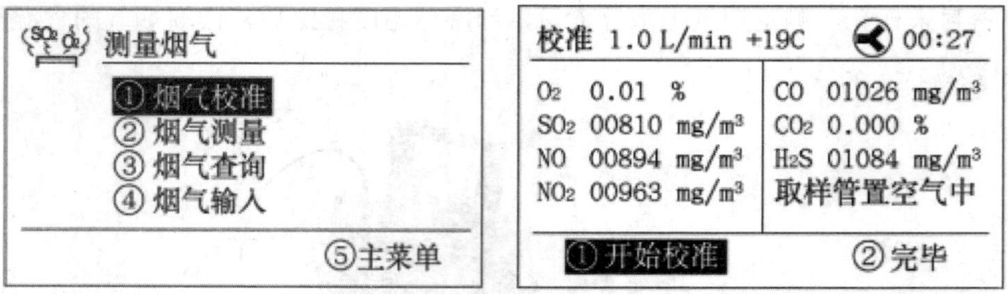

图 4.1-19 烟气测量校准

2. 测量烟气：校准完毕后，将烟气取样器置入待测管道中心位置，密封测量孔后进行测量。观察显示的数值比较稳定后，执行“计平均”，仪器将每秒采集一次瞬时值，并显示累计次数。3 min 左右即可结束测量，保存数据（如图 4.1-20）。

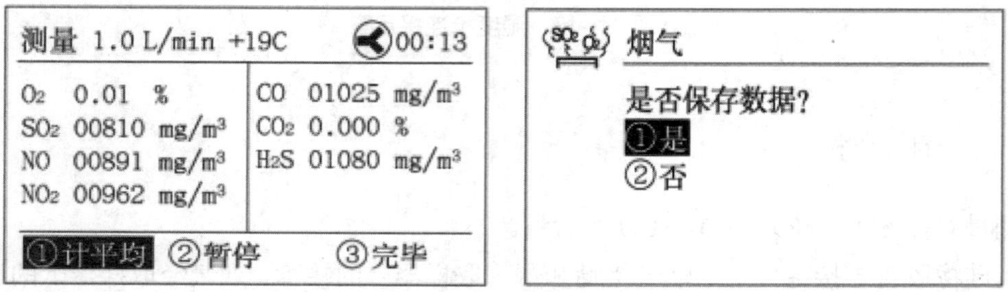

图 4.1-20 烟气测量

3. 传感器清洗：由于取样管及气路中有残存的烟气，会影响传感器的寿命，故测量结束后要对传感器进行清洗。将烟气取样器置于环境空气中，当氧含量达到 21%、其他浓度为 0 时即可。

（六）烟尘测定

1. 用橡胶管将组合采样管的皮托管、烟尘抽气管与主机相接，连接数据线。

2. 记下滤筒的编号，将已称重的空白滤筒装入采样管内，旋紧压盖。根据前述预测流速获得的采样嘴直径大小选择正确的采样嘴安装，注意采样嘴与皮托管全压测孔方向一致。设定每点的采样时间，输入滤筒编号。跟踪方式可选择自动跟踪或设定流量模式，自动跟踪即实时跟踪烟气的流速，实时自动调整采样机的抽气速度，以达到等速采样目的。设定流量采样，即根据预先测定的烟气流速，设定采样机的流速使抽气速度与烟气流速一致，采样期间以此恒定流速采样，适合于烟气流速比较稳定的烟囱。将组合采样管背向气流插入烟道中，密封采样孔。原则上每点采样时间不少于 3 min，各点采样时间应相等。

3. 以自动跟踪采样模式为例，用移动采样方法进行烟尘样品的采集。将组合采样管置于第一个采样点，启动抽气泵时，立即反转采样管使采样嘴及皮托管全压测孔正对气流，开始采样。第一点采样时间结束，仪器自动发出信号，立即将采样管移至第二采样点继续进行采样，依次类推，顺序在各点采样。采样过程中，采样器自动调节流量保持等速采样。

4. 采样完毕后，立即反转采样管使之背向气流，从烟道中小心地取出采样管，注意不要倒置。轻轻敲打前弯管，并用细毛刷将附着在前弯管内的尘粒刷到滤筒中，用镊子将滤筒取出，滤筒口向里对折，封闭滤筒口，放入专用的容器中保存。每次采样至少采集 3 个样品，取其平均值。

5. 用仪器保存或打印出采样数据。

6. 将主机烟尘入口悬空，通干燥清洁空气 15 min，去除采样路径中可能存在的含湿废气。

七、样品分析

采样后的滤筒放入 105℃烘箱中烘烤 1 h，取出放入干燥器中，冷却至室温，用感量 0.1 mg 天平称量至恒重。采样前后滤筒质量之差，即为采取的颗粒物质量。

八、烟尘浓度的计算

移动采样时实测烟尘排放浓度按式（4.1-4）计算：

$$C' = \frac{m}{V_{nd}} \times 10^6 \tag{4.1-4}$$

式中：C' —— 实测烟尘排放浓度，mg/m^3；

V_{nd} —— 标准状况下干烟气的采气体积，L；

m —— 采样所得颗粒物的质量，g。

烟尘平均排放浓度按式（4.1-5）计算：

$$\overline{C'} = \frac{\sum_{i=1}^{n} C'}{n} \tag{4.1-5}$$

式中：$\overline{C'}$ —— 烟尘平均排放浓度，mg/m^3；

n —— 采集的样品数。

烟尘排放速率按式（4.1-6）计算：

$$G = C' \times Q_{sn} \times 10^{-6} \tag{4.1-6}$$

式中：G —— 污染物排放速率，kg/h；

C' —— 实测烟尘排放浓度，mg/m^3；

Q_{sn} —— 标准状态下干烟气流量，m^3/h。

实测的锅炉颗粒物、SO_2、NO_x、汞及其化合物的排放浓度，应执行 GB 5468 或

GB/T 16157 规定，按式（4.1-7）折算为基准氧含量排放浓度。

$$C = C' \times \frac{21-\varphi(O_2)}{21-\varphi'(O_2)} \tag{4.1-7}$$

式中：C —— 大气污染物基准氧含量排放浓度，mg/m^3；

C' —— 实测的大气污染物排放浓度，mg/m^3；

$\varphi(O_2)$ —— 基准氧含量，%；

$\varphi'(O_2)$ —— 实测氧含量，%。

九、质量控制与质量保证

（一）仪器和设备需定期检定和校准

1. 自动烟尘（气）测试仪（烟气分析采用定电位电解法原理）测定 SO_2、NO_x、CO 等烟气时，应在每次使用前校准。采用仪器量程 20%～30%、50%～60%、80%～90%处浓度或与待测物相近浓度的标准气体校准，若仪器示值偏差不高于±5%，测定仪可以使用。

2. 至少每季度对自动烟尘（气）测试仪的氧传感器校准一次，采用高纯氮校正其零点。用纯净空气调整测氧仪示值，在标准大气压下其示值为 20.9%（在高原地区应按照当地空气含氧量标定）。

3. 自动烟尘（气）测试仪内置的 SO_2、NO_x、CO 等电化学传感器和氧传感器寿命一般为 1～2 年，到期后应及时更换。在有效使用期内若发现传感器性能明显下降或已失效，须及时更换传感器，更换后测定仪重新检定后方可使用。

（二）仪器与设备须有专人管理与维护

1. 采样仪器与设备须有专人管理与维护，每次使用后应对仪器与设备进行全面检查，进行清洁或修理。

2. 每次采样结束后，将采样器接通电源，通干燥清洁空气 15 min，去除采样路径中可能存在的含湿废气。

3. 每台仪器与设备应备有专门的使用维护记录，记录要全面，应包含仪器与设备检定、校准、使用、维护等相关信息。

（三）质量检验

1. 对微压计、皮托管和烟气采样系统进行气密性检验。

2. 采样前检查仪器与设备预处理装置（除湿剂、气液分离装置、滤纸或滤膜）是否有效。各连接管不可存在折点或堵塞。

3. 应严格检查皮托管和采样嘴，若有变形或损坏则不能使用。

（四）工况核查

1. 对污染源的日常监督性监测，采样期间的工况应与平时的正常运行工况相同，派专人在现场监督。

2. 根据原辅材料使用情况核算污染物的排放量，与实测情况对比，当两者相差超过50%时，应立即查找原因，必要时重新监测或增加抽测频次。

（五）实验室分析质量控制

1. 每批样品应至少包括 1 个运输空白，要求空白值不得超过方法检出限。

2. 滤筒的称量应在恒温恒湿的天平室中进行，应保持采样前和采样后称量条件一致。

十、注意事项

1. 采样前需对微压计、皮托管和烟气采样系统进行气密性检验。空白滤筒称量前应检查外表有无裂纹、孔隙或破损，有则应更换滤筒，如果滤筒有挂毛或碎屑，应清理干净。当用刚玉滤筒采样时，滤筒在空白称重前，要用细砂纸将滤筒口磨平整，以保证滤筒安装后的气密性。

2. 在湿式法除尘或脱硫器出口采样，采样孔位置应避开烟气含水（雾）滴的管段。

3. 颗粒物的采样必须按照等速采样的原则进行，尽可能使用微电脑自动跟踪采样仪，以保证等速采样的精度，减少采样误差。采样嘴应先背向气流方向插入管道，采样时采样嘴必须对准气流方向，偏差不得超过 10°。采样结束，应先将采样嘴背向气流，迅速抽出管道，防止管道负压将尘粒倒吸。滤筒在安放和取出采样管时，须使用镊子，不得直接用手接触，避免损坏和沾污，若不慎有脱落的滤筒碎屑，须收齐放入滤筒中。滤筒安放要压紧固定，防止漏气；采样结束，从管道抽出采样管时不得倒置，取出滤筒后，轻轻敲打前弯管并用毛刷将附在管内的尘粒刷入滤筒中，将滤筒上口内折封好，放入专用容器中保存，注意在运送过程中切不可倒置。当采集高浓度颗粒物时，发现测压孔或采样嘴被尘粒沾堵时，应及时清除。

4. 烟尘采样现场一般为高空作业，采样人员一定要确保人机安全，高温烟气采样时，持采样管的人员应佩戴防烫手套，以防烫伤，采样过程应及时将采样孔堵住，以防正压烟道有害气体喷出，也防止对烟道内气流的扰动。

5. 烟气采样前要确认目标样品的基本性质，采样人员按需配备防毒面具、工作服等。

6. 现场若使用交流电源，务必确认是 220 V 交流电，防止误接其他工业电源而损坏仪器，甚至造成人身伤害。采样过程中采样枪接地，注意用电安全。采样过程如遇临时阵雨，一定要注意及时切断电源或采取防雨措施，以免发生漏电事故。

7. 仪器应一次开机运行直至测试完全结束，中途不能关机重新启动，以免仪器零点变化影响测试准确性。

实训二　工业源低浓度烟尘（气）测定

一、实训目的

1. 掌握低浓度采样头的处理和称量方法。
2. 进一步熟悉烟尘流量校准和烟气组分校准方法。
3. 掌握工业源低浓度烟尘（气）的测定方法（HJ 836—2017）。
4. 熟练掌握大流量低浓度烟尘烟气测试仪的使用方法。

标准文本：《固定污染源废气　低浓度颗粒物的测定　重量法》（HJ 836—2017）

二、实训任务与要求

1. 做好实训预习工作，完成技能考核与评价表相关内容。
2. 根据实训任务准备实训器材。
3. 按照标准规范要求做好采样准备，完成仪器设备的检查与校准、采样头的处理和称重。
4. 规范采集和测定固定污染源废气低浓度颗粒物样品，正确填写现场采样和分析原始记录表，明确质量控制与质量保证要点。
5. 完成技能考核习题。

三、烟尘测定原理

在选定的采样点上，通过采样管从烟道中按等速采样的原则抽取一定量的含尘气，经捕集装置将尘粒捕集下来，根据捕集的烟尘量，求出烟尘浓度。

四、仪器和材料

1. 大流量低浓度烟尘烟气测试仪（如图 4.2-1）。

图 4.2-1　YLB-3330D 大流量低浓度烟尘烟气测试仪

2. 高效多功能尘气同采取样管（如图 4.2-2）。

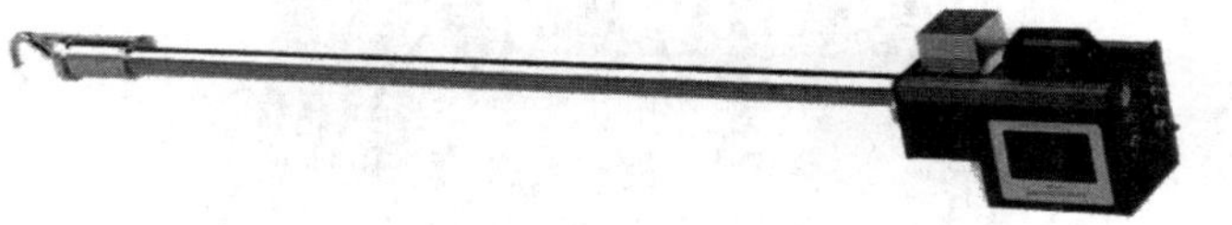

图 4.2-2　YLB-L18 高效多功能尘气同采取样管

3. 多功能烟气工况检测仪（如图 4.2-3）。

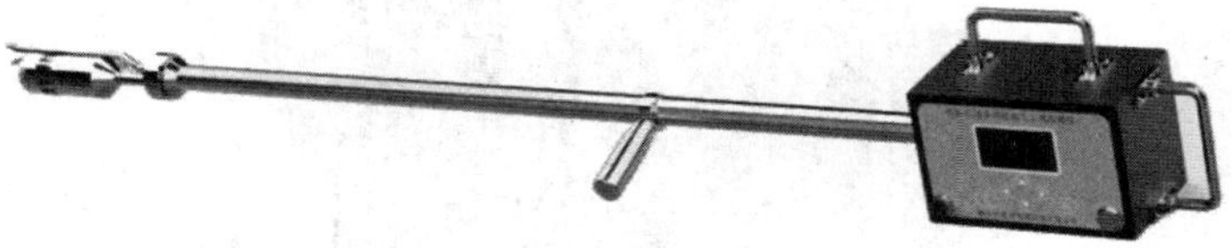

图 4.2-3　YLB-3 130 多功能烟气工况检测仪

4. 低浓度烟尘空白取样管（如图 4.2-4）。

图 4.2-4　低浓度烟尘空白取样管

5. 电子综合校准仪（如图 4.2-5）。

图 4.2-5　YLB-4630 电子综合校准仪

6. 滤膜半自动称重系统（如图 4.2-6）。

图 4.2-6　BTPM-MWS1 滤膜半自动称重系统

7. 全套低浓度烟尘采样头（含滤膜、不锈钢托网、密封铝圈、防静电密封袋），如图 4.2-7 所示。

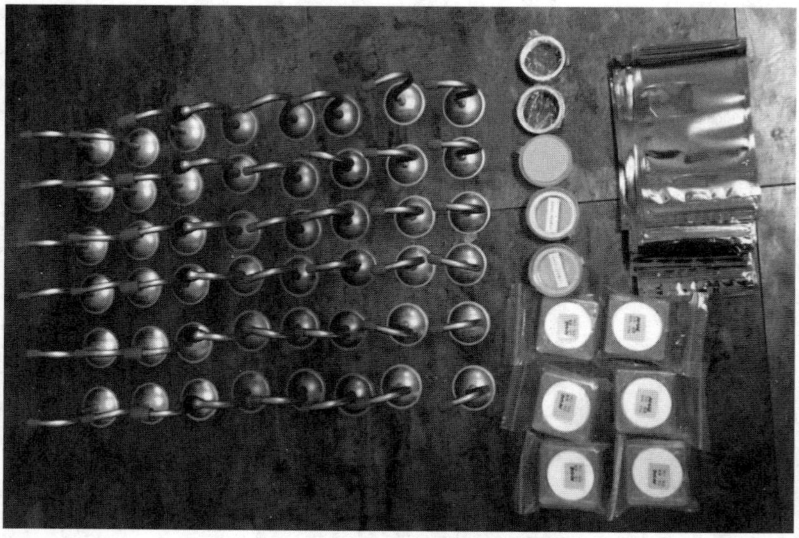

图 4.2-7　全套低浓度烟尘采样头

8. 镊子、干燥剂、棉手套、有色胶布、防静电手套等。

五、实训准备

实训视频：低浓度烟尘烟气测定——采样头的准备

（一）采样头的准备

1．采样前处理

（1）采样前，在去离子水介质中用超声波清洗前弯管、密封铝圈和不锈钢托网，清洗 5 min 后再用去离子水冲洗干净，以去除各部件上可能吸附的颗粒。

（2）将上述部件放置在烘箱内烘烤，烘烤温度为 105～110℃，烘干至少 1 h。

（3）石英材质滤膜放进马弗炉内烘焙 1 h，烘焙温度应取 180℃和大于烟温 20℃两者中较高的温度。

（4）放入玻璃干燥器内冷却后，将滤膜和不锈钢托网用密封铝圈同前弯管封装在一起，放入滤膜半自动称重系统内平衡至少 24 h，滤膜半自动称重系统设置温度为 15～30℃任意温度，相对湿度控制在（50±5）%。

2．采样前称量

（1）在滤膜半自动称重系统内（温湿度设置保持不变）用天平称重，每个样品先进行第一次称量，间隔 1 h 后再进行第二次称量，两次称量的质量差应在 0.2 mg 以内。

（2）记录称量结果，以两次称量的平均值作为称量结果。

（3）当同一采样头两次称量的质量差大于 0.2 mg 时，可将相应采样头再平衡至少 24 h 后称量；如果第二次平衡后称量的质量同上次称量的质量差仍大于 0.2 mg，可将相应采样头再平衡至少 24 h 后称量；如果第三次平衡后称量的质量同上次称量的质量差仍大于 0.2 mg，在确认平衡称量仪器和操作正确后，此样品作废。

（二）干燥剂的装填

将干燥筒底盖旋开，加入约 3/4 体积的具有充分干燥能力的变色硅胶（颗粒状），然后将筒盖旋紧即可。

（三）仪器功能检查

确认电源为 220 V 后，接通电源线，面板开关指示灯亮，打开电源开关，工作指示灯亮，检查显示器、键盘、采样泵等是否正常。

（四）仪器气密性检查

对大流量低浓度烟尘烟气测试仪进行气密性检查，具体操步骤作：①在高效多功能尘气同采取样管上安装一个空白采样头，并用堵套塞住采样嘴；②按照烟尘采样操作连接好管线，确保进气口堵严；③在烟尘采样界面启动气密性检查（即启动检测）；④仪器自行进行气密性检查，检查通过，则显示气密性良好，按“返回”退出。

（五）采样器流量校准

实训视频：低浓度烟尘烟气测定——校准操作

采用精度更高一级的校准装置对大流量低浓度烟尘烟气测试仪的烟尘流量进行校准，具体操作步骤：①使用硅橡胶管将大流量低浓度烟尘烟气测试仪与电子综合校准仪相连；②打开电子综合校准仪，设置校准温度、大气压，选择流量测量范围；③打开大流量低浓度烟尘烟气测试仪，输入环境温度、大气压，选择流量标定；④选择低、中、高 3 种流量进行校准，观察大流量低浓度烟尘烟气测试仪的瞬时流量值和电子综合校准仪的实测流量值；⑤当大流量低浓度烟尘烟气测试仪的瞬时流量为设置流量时，记录电子综合校准仪上的实测流量值。若二者的相对误差绝对值小于 2.5%，则满足要求。当相对误差不符合要求时，需要修改倍率值进行流量标定。

（六）烟气组分校准

对大流量低浓度烟尘烟气测试仪的烟气组分进行校准，具体操作步骤：①打开低浓度烟尘烟气测试仪，选择烟气标定，进行烟气校准；②使用连接短管将标气瓶（如 SO_2 标气）与大流量低浓度烟尘烟气测试仪的烟气接口相连，打开标气，调整烟气流量为 1 L/min；③通入标气后，观察测试仪上烟气组分（如 SO_2）的浓度值变化情况；④待烟气组分浓度数据稳定后记录 3 次数据，计算出平均值与标准气（如 SO_2）浓度值进行比较，仪器示值偏差不高于±5%则满足要求；⑤若仪器示值偏差不符合要求，则需要修改烟气组分的倍率值。选择自动标定模式，输入标气浓度值，仪器自动修改倍率值。

六、皮托管平行测速采样法采样步骤

实训视频：低浓度烟尘烟气测定——现场采样与监测

按照等速采样原则进行烟尘测定，利用仪器直接测试法测量烟气中 O_2、SO_2、NO、NO_2、CO 含量等。本实训以 YLB-3330D 大流量低浓度烟尘烟气测试仪为例进行介绍。

采样步骤如下。

（一）选择监测断面

优先选择在气流分布均匀稳定的垂直管段，避开烟道弯头、阀门、变径管、三通阀等易产生涡流的阻力构件和断面急剧变化的部位。采样位置应设置在距弯头、阀门、变径管下游方向不小于 6 倍直径，距上述部件上游方向不小于 3 倍直径处。对矩形烟道，可用当量直径确定采样位置，其当量直径 $D=2AB/(A+B)$，其中 A、B 为边长。采样断面的气流速度最好在 5 m/s 以上。

当测试现场空间位置有限，很难满足上述要求时，可选择比较适宜的管段采样，但采样断面与弯头等的距离至少是烟道直径的 1.5 倍，并应适当增加测点的数量和采样频次。

（二）设置采样点

仪器接通电源，自检完毕后，先进行日期、时间、大气压、皮托管系数等参数设置，再根据烟囱的形状和尺寸进行采样点布设。

以圆形烟道为例说明采样点的选择。将烟枪从采样孔水平插入，放在正中间位置，测量烟道的内径 D，并测量套管长（即烟囱内壁到采样孔最外端的距离 L），将内径及套管长度输入大流量低浓度烟尘烟气测试仪，则面积、采样环数、采样点距采样孔外端的距离仪器自动计算。采样环数也可根据现场实际情况参照《固定源废气监测技术规范》（HJ/T 397—2007）进行更改。

按照大流量低浓度烟尘烟气测试仪计算的距离，从采样嘴中间位置开始测量，将各采样点的位置在采样管上做好标记。

（三）预测流速，选择采样嘴

1. 皮托管与主机连接。用橡胶管将组合采样管皮托管的“＋”“－”极与主机相应的“＋”“－”极接嘴连接，采样管需接地，以防触电。数据线插入主机面板上 Ts/Xsw 信号接口，用于测量烟温。

2. 打开烟道的采样孔，清除孔中的积灰。

3. 进入“工况”测量（即烟温和烟气流速测定）。首先进行仪器的自动调零。断开主机“＋”“－”极接嘴的橡胶管，使仪器暴露在环境空气中进行零点校准，待各压力归为零后进行烟气温度测定。

4. 将组合采样管插入烟道的中心位置，确保数据线连接正常，进入烟温测量，待数据稳定后，读取数据。

5. 预测流速。将组合采样管插入烟道中，皮托管一端正对气流，另一端背向气流，偏差不得超过 10°，密封采样孔。依次测量各采样点的温度、动压、静压、全压及流速，选取合适的采样嘴。

（四）烟气含湿量测定

使用 YLB-3130 多功能烟气工况检测仪测定含湿量，测量得到含湿量数据后将数据输入大流量低浓度烟尘烟气测试仪。具体步骤如下：

①仪器开机自检。打开多功能烟气工况检测仪电源按钮，仪器进行开机自检。

②进入仪器主界面，按“设置”进入，含湿量选择“测量”后，按“返回”退出。

③进入仪器的测量界面，打开采样孔，将仪器取样管放入烟囱中心点位，密封采样孔，进入“②测量”界面，按“④开始测量”后，再点击“开始”进行测量。

④数据稳定后，按“暂停”退出含湿量测量。取出仪器，密封好采样孔，保存测量数据。

⑤将测量得到的含湿量数据输入大流量低浓度烟尘烟气测试仪内，在主机主界面，进入“④测含湿量”选项，选择“③含湿量输入”，输入含湿量测定数据后，按“返回”退到主界面。

（五）尘气同采

1. 用橡胶管将组合采样管的皮托管、烟尘抽气管与主机相接，连接数据线。

2. 按照前述方法进行仪器设备气密性检查。

3. 气密性检查通过后，进入烟气测量界面，进行烟气校准：烟气测量时须用新鲜空气校准。将烟气取样器置于环境空气中，待显示值稳定 5～10 min 后，执行“开始校准”，直到含氧量到 21%，有害气体到 0，结束校准。并设置好烟气采样时间和采样次数。

4. 尘气同采。该仪器设备可以进行尘气同采，即启动烟尘采样后可进入烟气测量界面，以同步进行烟气测量。具体操作步骤如下：

（1）首先安装采样头。

手戴防静电手套，根据“预测流速”时推荐直径的采样嘴型号选择相应的采样头安装在低浓度颗粒物取样管上。

（2）进行采样参数设置。将光标移至“⑥采样”菜单，按“OK”键进入烟尘采样设置界面，分别设置“滤筒号”、“单点采时”和“采样方式”等参数。

①设置滤筒号：输入滤筒号；

②设置总采点：系统默认采样点数和采样嘴直径的数值自动使用“布点”和“工况”中选定的数值；

③设置单点采时：根据布设的采样点数设置单点采时；

④共计采时：为 60 min；

⑤设置采嘴直径：系统默认，一般情况下不需要修改；

⑥设置采样方式：选择自动跟踪模式；

⑦完成以上设置后，进行烟尘采样操作。

（3）烟尘采样操作。

①取下采样头的堵套，将高效多功能尘气同采取样管背对气流方向插入烟道中，置于第一个采样点处，使采样嘴背向气流方向，密封烟道测孔，保证不漏气，确保良好接地（接地线前面已连接好）。

②将光标移至“⑥启动采样”菜单，按“OK”键后出现“采样警示”，点击“确定”键启动烟尘采样，启动采样泵的同时将低浓度颗粒物取样管旋转，使采样嘴正对气流方向。如不能做到同步，应先启动泵，再立即反转采样嘴。

③进行烟尘样品采集，在每一个采样点采样倒计 10 s 时，测试仪蜂鸣器响起，屏幕闪烁，蜂鸣声结束后将采样管平移至第二个采样点继续采样；依次采样至最后一个采样点，最后 10 s 倒计时结束后，立即反转采样管使之背向气流，取走抹布，从烟道中小心地取出采样管，注意不要倒置。

④采样结束后，取下采样头，用聚四氟乙烯材质堵套塞好采样嘴，将采样头放入防静电密封袋内，再放入样品箱。

⑤采样结束后，测试仪自动显示采样结果，数据有效，显示屏显示数据见打印条；选择“①保存”菜单，保存数据后，大流量低浓度烟尘烟气测试仪自动返回烟尘采样设置界面。

（4）烟气测量。

在烟尘采样过程中，同步进行烟气测量。在烟尘采样界面选择“①烟气测量”进入烟气测量界面，选择“②开始测量”进行烟气测量。在烟气测量过程中，可以返回烟尘采样界面观察烟尘采样。

（5）尘气同采结束。烟尘采样结束后保存数据，烟气测量完成后结束测量。

（6）全程序空白采集。

①单独采集：重新安装一个同样型号的采样头，取下聚四氟乙烯材质堵套，断开采样管与采样器主机的连接，将低浓度颗粒物取样管的烟尘接口用保护帽密封，再将取样管背对气流方向伸入烟囱内第一个采样点，保持停留单点采时后，再依次平移至其他采样点至采样结束。采样结束后再将取样管保持背对气流方向从烟囱内取出，取下采样头，用聚四氟乙烯材质堵套塞好采样嘴，将采样头放入防静电密封袋内，再放入样品箱。

②同步采集：为方便采样，可在高效尘气同采取样管的基础上搭配使用低浓度烟尘空白取样管，即可在烟尘样品采集时同步采集全程序空白样品。

（7）采集同步双样时，每个样品均应采集同步双样，同步双样的采集应符合 HJ 836—2017 附录 A 的要求。

5. 打印与记录

（1）连接蓝牙打印机，打印数据。

（2）根据实际情况做好采样记录。

6. 管路清洗

全部采样结束后，取下测试仪所有管路连接，从主菜单界面进入“④湿度”，选择测量含湿量，使测试仪在湿度测试状态空转 5～10 min，清洗完毕后按“完毕”退出，停止测量。

七、样品分析

（一）采样后处理

实训视频：低浓度烟尘烟气测定——采样后处理和称重

将采样后的采样头运回实验室后，在通风橱中用蘸有丙酮的石英棉对采样头外表面进行擦拭清洗。清洗后，在烘箱内烘烤采样头，烘烤温度为 105～110℃，时间 1 h。将采样头放入玻璃干燥器内进行干燥冷却后放入滤膜半自动称量系统内平衡至少 24 h。应保证采样前后的恒温恒湿平衡条件不变。

（二）采样后称量

将处理平衡后的采样头，在滤膜半自动称量系统内用天平称重，称重步骤和要求与处理前称量相同。采样前后采样头质量之差，即为所取的颗粒物质量。

应对称重后的采样头进行检查，检查是否存在滤膜破损或其他异常情况，若存在异常情况，则样品无效。

八、烟尘浓度的计算

颗粒物浓度按式（4.2-1）计算：

$$C' = \frac{m}{V_{\text{nd}}} \times 10^6 \tag{4.2-1}$$

式中：C' —— 颗粒物浓度，mg/m^3；

V_{nd} —— 标准状况下干烟气的采气体积，L；

m —— 采样所得颗粒物的质量，g。

烟尘平均排放浓度按式（4.2-2）计算：

$$\overline{C'} = \frac{\sum_{i=1}^{n} C'}{n} \tag{4.2-2}$$

式中：$\overline{C'}$ —— 烟尘平均排放浓度，mg/m^3；

n —— 采集的样品数。

烟尘排放速率按式（4.2-3）计算：

$$G = C' \times Q_{\text{sn}} \times 10^{-6} \tag{4.2-3}$$

式中：G —— 污染物排放速率，kg/h；

C' —— 实测烟尘排放浓度，mg/m^3；

Q_{sn} —— 标准状态下干烟气流量，m^3/h。

实测的锅炉颗粒物、SO_2、NO_x、汞及其化合物的排放浓度，应执行 GB 5468 或 GB/T 16157 的规定，按式（4.2-4）折算为基准氧含量排放浓度。

$$C = C' \times \frac{21-\varphi(O_2)}{21-\varphi'(O_2)} \tag{4.2-4}$$

式中：C —— 大气污染物基准氧含量排放浓度，mg/m^3；

C' —— 实测的大气污染物排放浓度，mg/m^3；

$\varphi(O_2)$ —— 基准氧含量，%；

$\varphi'(O_2)$ —— 实测氧含量，%。

九、质量控制与质量保证

（一）仪器与设备

1. 仪器设备的检定和校准应符合 HJ/T 397 中仪器设备检定和校准的要求。
2. 仪器设备的运行和维护应符合 HJ/T 373 中仪器设备运行和维护的要求。

（二）称量质量控制

1. 天平的校准。在采样前、采样后称重时，必须进行天平校准。
2. 称量的质量控制。

（1）采样前、采样后平衡及称量时，应保证环境温度和环境湿度条件一致。应避免静电对称量造成的影响。

（2）保证同一称量部件在采样前后称量为同一天平，并避免称量前后人员不同引起的误差。

（3）采样前后，放置、安装、取出、标记、转移采样部件时应戴无粉末、抗静电的一次性手套。

（三）采样时质量控制

1. 现场采样的质量保证措施应符合 HJ/T 397 现场采样质量保障措施的要求。
2. 采样过程中，采样断面最大流速和最小流速比不应大于 3∶1。
3. 现场应及时清理采样管，减少样品沾污。
4. 任何低于全程序空白增重的样品均无效。全程序空白增重除以对应测量系列的平均体积应不超过排放限值的 10%。
5. 在现场条件允许的前提下，尽可能选取入口直径大的采样嘴。
6. 样品采集时应保证每个样品的增重不小于 1 mg，或采样体积不小于 1 m^3。

7. 颗粒物浓度低于方法检出限时，对应的全程序空白增重应不高于 0.5 mg，失重应不多于 0.5 mg。

8. 测定同步双样时，同步双样的相对偏差应不大于允许的最大相对偏差。

实训三　固定污染源废气挥发性有机物的测定

一、实训目的

1. 掌握固定污染源废气挥发性有机物的采样方法，采用气袋采样法和吸附管采样法，正确操作相关仪器设备，规范采集废气 VOCs 样品。

2. 理解并掌握固定污染源废气挥发性有机物的测定方法（HJ 734—2014），并对测定结果进行评价。

标准文本：《固定污染源废气　挥发性有机物的测定　固相吸附-热脱附/气相色谱-质谱法》（HJ 734—2014）

二、实训任务与要求

1. 做好实训预习工作，完成技能考核与评价表相关内容。

2. 根据企业案例情况准备实训器材。

3. 按照标准规范要求做好采样准备，完成仪器设备的检查与校准。

4. 规范进行固定污染源废气挥发性有机物监测，完成 VOCs 样品的采集与分析测试，明确质量控制与质量保证要点。

5. 规范记录和处理实训数据，进行结果计算与评价，并完成技能考核习题。

三、测定原理

使用填充了合适吸附剂的吸附管直接采集固定污染源废气中挥发性有机物（或先用气袋采集，然后再将气袋中的气体采集到固体吸附管中），将吸附管置于热脱附仪中进行二级热脱附，脱附气体经气相色谱分离后用质谱检测，根据保留时间、质谱图或特征离子定性，内标法或外标法定量。

当采样体积为 300 mL 时，该标准的方法检出限为 0.001～0.01 mg/m^3，测定下限为 0.004～0.04 mg/m^3。

四、仪器

1. 气相色谱-质谱联用仪（如图 4.3-1）。

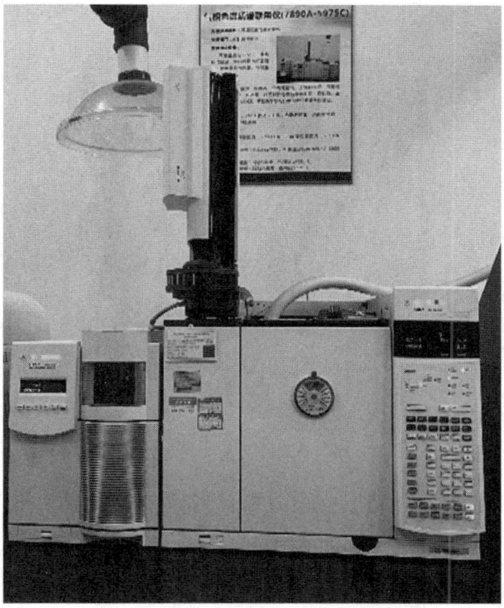

图 4.3-1　气相色谱-质谱联用仪（7890A-5975C）

2. 热脱附装置（如图 4.3-2）：能对吸附采样管进行二级热脱附，并将脱附气用载气带入气相色谱，脱附温度、脱附时间及流速可调，冷阱能实现快速升温。冷阱一般采用半导体制冷。热脱附装置与气相色谱相连部分和仪器内气体管路均应使用硅烷化不锈钢管，并能在 50～150℃均匀加热。

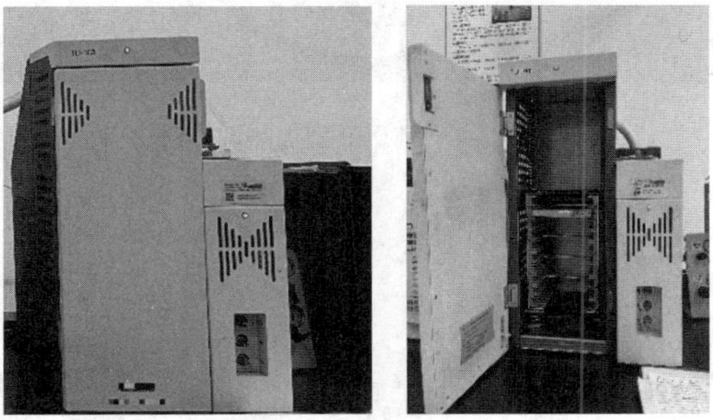

图 4.3-2　热解吸仪（TD-100）

3. 吸附管老化装置：最高温度应达到 400℃以上，最大载气流量至少能达到 100 mL/min，流量可调。

4. 智能双路 VOCs 采样器（如图 4.3-3），具备恒压恒流功能，设计冷阱吸附管采样装置，可实现串联（穿透管）同步制冷。

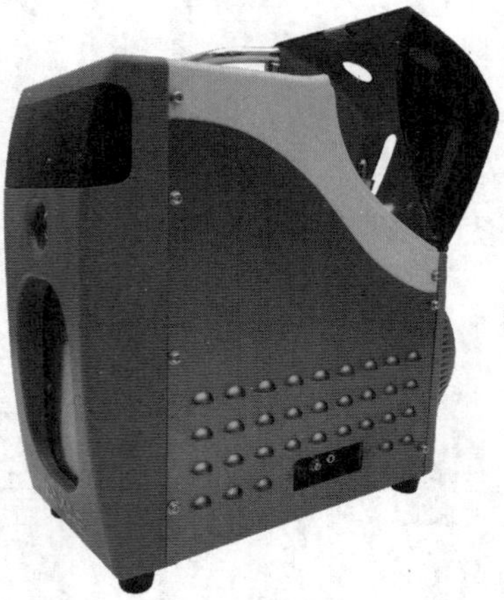

图 4.3-3　AC-5000A 智能双路 VOCs 采样器

5. 加热取样管（如图 4.3-4）。

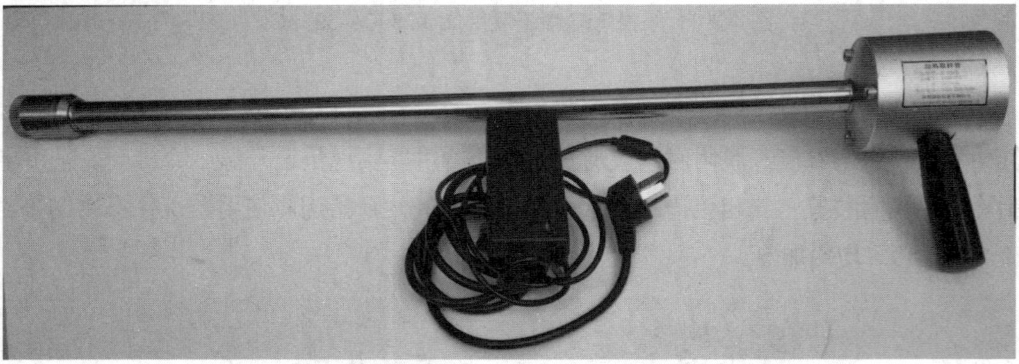

图 4.3-4　M-020 型加热取样管

6. 多功能烟气工况检测仪（如图 4.3-5）。

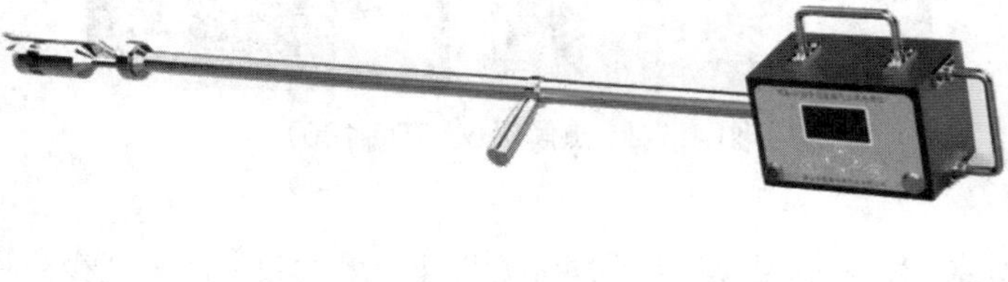

图 4.3-5　YLB-3130 多功能烟气工况检测仪

五、试剂和材料

1. 甲醇：农残级或者等效级。

2. 内标溶液，ρ=2 000 μg/mL 或 2 500 μg/mL：市售有证内标溶液（挥发性有机物分析专用）。

3. 4-溴氟苯（BFB）：ρ=50 μg/mL。用于 GC-MS 性能检验。取适量色谱纯的 4-溴氟苯（BFB）配制于一定体积的甲醇中。

4. 标准物质：挥发性有机物的标准物质可以使用气体标准，也可以使用液体标准。

（1）气体标准。使用高压罐储存的气体标准，必须符合国家标准或国际权威机构认证的标准且在有效期内使用。标准气体的稀释建议使用动态稀释方法。

（2）液体标准贮备液，ρ=1 000 μg/mL：购买色谱纯的目标化合物，取一定体积用甲醇稀释，配制成 1 000 μg/mL 的标准贮备液。也可购买市售有证混合标准溶液，浓度为 2 000 μg/mL。

5. 替代物标准溶液，ρ=2 000 μg/mL 或 2 500 μg/mL：市售有证替代物标准溶液（挥发性有机物分析专用）。也可选择目标化合物中色谱纯氘代物用甲醇配制。

6. 吸附管：不锈钢材质，内径 5 mm（如图 4.3-6）。

组合 1 吸附管，内装 Tenax GR、Carbopack B，长度分别为 30 mm、25 mm。

组合 2 吸附管，内装 Carbopack B、Carboxen 1000，长度分别为 30 mm、10 mm。

组合 3 吸附管，内装 Carbopack C、Carbopack B、Carboxen 1000，长度分别为 13 mm、25 mm、13 mm。或使用其他具有相同功能的产品。吸附管的使用与选择参见 HJ 734—2014 附录 C。

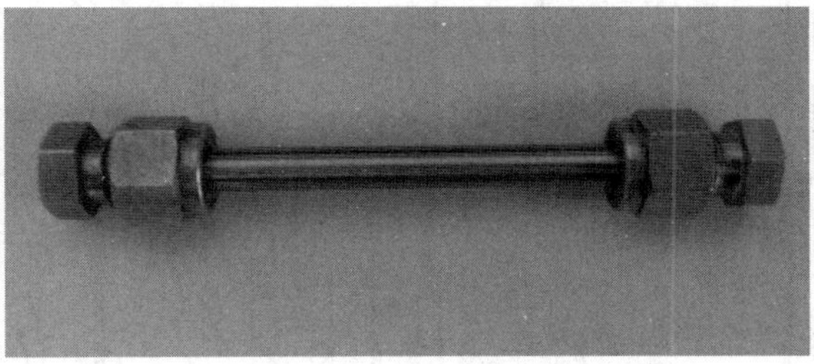

图 4.3-6　Tenax 不锈钢热脱附（热解析）吸附管

7. 氦气。

8. 氮气。

六、样品

（一）预调查和预监测

在测试固定源挥发性有机物排气前，应事先调查污染源信息，包括公司名称、原材料、中间体、产品、副产品、生产工艺、排气筒采样孔位置、总有机碳（或非甲烷总烃）排放浓度等情况，及行业排放标准所列的常见有机污染物。

预监测样品采集使用组合 3 吸附管采样、热脱附/气相色谱-质谱法分析，也可采用采样罐采样气相色谱-质谱法分析。预监测确定各固定污染源废气中挥发性有机物的组分。

（二）吸附采样管的准备

老化后的吸附采样管两端立即用密封帽密封，放在气密性高的密封袋或密封盒中保存。密封袋或密封盒存放于装有活性炭的盒子或干燥器中，4℃保存。必要时，采样前在老化好的吸附管中加入一定量（一般为校准曲线中间浓度）的替代物标准，加载方法参见 HJ 734—2014 中 8.2.2 的相关内容。

实训视频：挥发性有机物的测定——吸附管的老化

（三）样品采集

1. 吸附管采样

按照 HJ/T 397 中使用吸附管采样系统（如图 4.3-7）采样要求，进行样品采集。

实训视频：挥发性有机物的测定——样品采集

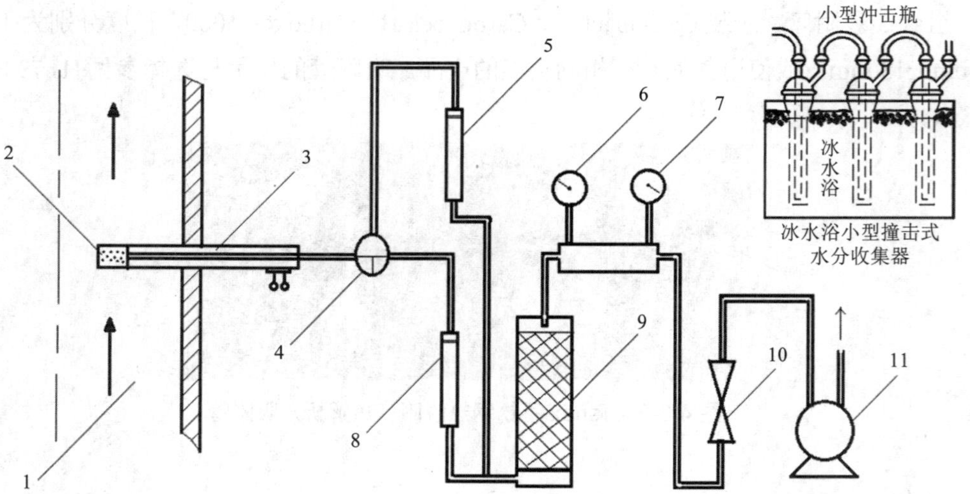

1—排气管道；2—玻璃棉过滤头；3—采样枪；4—三通阀；5—旁路吸附管；6—温度计；7—压力表；8—吸附管；9—干燥器；10—恒流控制器；11—抽气泵

图 4.3-7　废气采样系统

对于使用多层吸附剂的吸附采样管，吸附采样管气体入口端应为弱吸附剂（比表面积小），出口端为强吸附剂（比表面积大）。对于外径为 6 mm 的不锈钢吸附采样管，推荐的采样流量为 20～50 mL/min。每个样品至少采气 300 mL，组合 1 吸附采样管如果监测 C_6 以上挥发性有机物则样品采气量可达 2 L。废气温度较高，含湿量大于 2%，目标化合物的安全采样体积不能满足样品采气 300 mL，影响吸附采样管的吸附效率时，应将吸附采样管冷却（0～5℃）采样。

采样穿透试验样品采集：在吸附采样管后串联一根吸附采样管，同时采样。每批样品应至少采集一根串联吸附采样管，用于监视采样是否穿透。

注 1：组合 2、组合 3 吸附采样管的主要干扰物是水蒸气。如果存在水蒸气干扰，可在吸附采样管前加一个冰水浴小型撞击式水分收集器或半导体制冷除湿装置。水分收集器中的水应同时用 HJ 639 分析，含量计入样品中。

2. 气袋-吸附管采样

参照 HJ 732 进行固定污染源废气挥发性有机物的气袋采样，气袋采用 3 L 聚氟乙烯（Tedlar）袋，采气 2 L 左右。8 h 内将气袋与吸附采样管连接，用样品采集装置以 50 mL/min 流量，至少采气 150 mL。

3. 全程序空白采样

将密封保存的吸附采样管带到采样现场，同样品吸附管同时打开封帽接触现场环境空气，采样时全程序空白吸附管关闭封帽，采样结束时同样品吸附管接触环境空气，同时关闭封帽，按与样品相同的操作步骤进行处理和测定，用于检查从样品采集到分析全过程是否受到污染。

（四）样品保存

吸附采样管采样后，立即用密封帽将采样管两端密封，4℃避光保存，7 日内分析。

七、分析步骤

实训视频：挥发性有机物的测定——分析测定

（一）仪器分析条件设置

1. 热脱附仪参考条件

吸附管初始温度：室温；聚焦冷阱初始温度：室温；干吹流量：30 mL/min；干吹时间：2 min；吸附管脱附温度：270℃；吸附采样管脱附时间：3 min；脱附流量：30 mL/min；聚焦冷阱温度：–3℃；聚焦冷阱脱附温度：300℃；冷阱脱附时间：3 min；传输线温度：120℃。通用型冷肼，填料为石墨化碳黑。

吸附管脱附温度和脱附时间等条件根据目标化合物特性和吸附管类型不同可以进行适当调整；如果废气中挥发性有机物或者水分含量高，应根据需要设置分流比。

注 2：目标化合物 100～1 000 ng，分流比 30.4∶1 设置：吸附采样管初始温度：室温；聚焦冷阱初始温度：室温；干吹流量：48 mL/min；干吹时间：1 min；组合 1 吸附采样管脱附温度：270℃；吸附采样管脱附时间：5 min；一级聚焦冷阱流量：30 mL/min，一级分流流量 18 mL/min；聚焦冷阱温度：–3℃；二级聚焦冷阱脱附温度：300℃；冷阱脱附时间：3 min；

二级分流流量：18 mL/min，柱流量：1 mL/min；传输线温度：120℃。

2. 毛细管柱气相色谱仪参考条件

进样口温度：200℃；柱流量（恒流模式）：1.5 mL/min；升温程序：初始温度 35℃，保持 5 min，以 6℃/min 的速度升温至 140℃，以 15℃/min 的速度升至 220℃，在 220℃保持 3 min。

3. 质谱仪

（1）质谱仪参考条件

扫描方式：全扫描；扫描范围：33～180 u（0～6 min），33～270 u（6 min～结束）；离子化能量：70 eV；传输线温度：230℃，其余参数参照仪器使用说明书进行设定。

为提高分析灵敏度，可以使用选择离子扫描方式进行分析，特征离子选择参照 HJ 734—2014 附表 A-1。

（2）质谱性能检查

在空白吸附管中加入 4-溴氟苯（BFB）50 ng，参照 HJ 734—2014 中 8.1 仪器条件进行 TD-GCMS 分析，得到的 BFB 质谱图各离子丰度应该满足表 4.3-1 的规定，否则需对质谱仪的参数进行调整或者考虑清洗离子源等。

表 4.3-1　BFB 进行质谱调谐时各离子的峰及强度

质量数	相对强度	质量数	相对强度
50	质量数 95 的 8.0%～40.0%	174	质量数 95 的 50.0%～120%
75	质量数 95 的 8.0%～40.0%	175	质量数 174 的 4.0%～9.0%
95	基峰，100%	176	质量数 174 的 93.0%～101%
96	质量数 95 的 5.0%～9.0%	177	质量数 176 的 5.0%～9.0%
173	＜质量数 174 的 2.0%		

（二）校准

1. 校准系列配制

用微量注射器分别移取 25.0 μL、50.0 μL、100 μL、250 μL、500 μL 标准贮备液至 5 mL 容量瓶，用甲醇稀释定容至标线，配制成浓度梯度为 5.00 μg/mL、10.0 μg/mL、20.0 μg/mL、50.0 μg/mL、100 μg/mL 的混合标准溶液。

注 3：根据实际工作需求，也可配制高浓度校准系列 100 μg/mL、400 μg/mL、600 μg/mL、800 μg/mL、1 000 μg/mL，此时内标加入量定为 500 ng（校准曲线最高浓度的一半），分析时热脱附仪应设置分流比，推荐分流比为 30∶1。

2. 标样加载

将老化好的吸附管装到热脱附标样加载平台上（注意吸附管进气端朝向注射器），用微量注射器取 1.0 μL 混标溶液注入空白吸附管，同时在吸附管中加入 1.0 μL 50 μg/mL 内标使用液，用 50 mL/min 的 N_2 吹扫吸附管 2 min，迅速取下吸附管，用密封帽将吸附管两端密封，得到含量为 5.00 ng、10.0 ng、20.0 ng、50.0 ng、100 ng 的校准系列吸附管，每根吸附管的内标含量均为 50 ng。

注 4：如果没有标样加载平台，可用如下方式进行标样加载：将老化好的吸附管连接于气相色谱仪的填充柱进样口，设定进样口温度为 50℃，用微量注射器分别注射 1.0 μL 混标溶液和内标使用液，用 50 mL/min 的流量通载气 2 min，迅速取下吸附管，用密封帽将吸附管两端密封，得到校准系列吸附管。

3. 校准曲线绘制

将校准曲线系列吸附管放进热脱附仪，按照仪器参考条件，依次从低浓度到高浓度进行分析测定，根据目标物/内标物质量比和目标物/内标物特征质量离子峰面积（或峰高）比，用最小二乘法或者相对响应因子绘制校准曲线。

（三）样品分析

参照标样加载步骤，在采好样品的吸附管中加入内标物 50 ng（高浓度曲线则加入内标物 500 ng），按照仪器参考条件，对样品进行 TD-GCMS 分析。

1. 定性分析

以保留时间和质谱图比较进行定性。

2. 定量分析

根据内标校准曲线法（液体标准线性相关系数一般应达到 0.995）或曲线各点的平均相对响应因子均值（RRF 相对标准偏差 RSD≤30%，相对响应因子≥0.010）计算目标组分的含量。

（四）全程序空白试验

按与样品分析相同的操作步骤分析全程序空白样品。

八、结果计算

（一）目标化合物浓度的计算

$$\rho_i = \frac{m_i}{V_{\text{nd}}} \tag{4.3-1}$$

式中：ρ_i —— 气体中 VOCs 目标化合物的浓度，mg/m^3；

m_i—— 样品中第 i 种目标化合物的含量，ng；

V_{nd}—— 标准状态下干采气体积，mL。

（二）使用内标物进行定量时相对响应因子（RRF_i）和平均相对响应因子（$\overline{RRF}$）的计算

目标化合物 i 的相对响应因子 RRF_i 的计算。

$$RRF_i = \frac{A_i \times m_{is}}{A_{is} \times m_i} \tag{4.3-2}$$

式中：A_i—— 目标化合物 i 的峰面积；

m_i——目标化合物 i 的含量，ng；

A_{is}——内标化合物的峰面积；

m_{is}——内标化合物的含量，ng。

目标物的平均相对响应因子 $\overline{RRF}$ 的计算。

$$\overline{RRF} = \frac{\sum_{i=1}^{n} RRF_i}{n} \tag{4.3-3}$$

式中：n—— 校准系列点数。

（三）用平均相对响应因子计算

$$m_i = \frac{A_i \times m_{is}}{\overline{RRF} \times A_{is}} \tag{4.3-4}$$

式中：m_i——样品中第 i 种分析物质的含量，ng；

A_i——目标化合物的峰面积；

A_{is}——内标化合物的峰面积；

m_{is}——内标化合物的含量，ng。

（四）结果表示

列出所有目标化合物的浓度。当目标化合物的浓度小于 1 mg/m^3 时，分析结果保留至小数点后 3 位（丙酮保留至小数点后 2 位），当目标化合物的浓度大于或等于 1 mg/m^3 时，保留 3 位有效数字。

九、质量控制与质量保证

（一）实验室空白

对于 Tenax 多孔聚合物吸附剂，单个化合物的实验室空白水平不应大于 7 ng。新买的或自行填充的吸附采样管需进行空白水平测试和吸附解吸效率评价。

（二）全程序空白

每批样品应至少做一个全程序空白样品，全程序空白样品中目标化合物的含量过大可疑时，应对本批数据进行核实和检查。

（三）替代物采样

必要时每个样品均加入替代物采样。替代物采样的回收率应在 91.5%～128%。

（四）空白加标

每批样品至少做一个空白加标，回收率符合准确度控制要求。

（五）校核样品分析

每批样品应带一个校核点，其相对误差在 30%以内。若超出允许范围，应重新配制中间浓度点标准溶液，若还不能满足要求，应重新绘制校准曲线。

（六）吸附采样管的穿透试验

串联两支吸附采样管采样，如果在后一支吸附采样管中检出目标化合物的量大于总量的 10%，则认为吸附采样管发生穿透，本次采集样品无效。应重新采样，并确保目标化合物的采气量小于吸附采样管安全采样体积。

（七）采样器流量校准

采样前后流量变化大于 5%，但不大于 10%，应进行修正；流量变化大于 10%，应重新采样。

实训四　固定污染源废气非甲烷总烃的测定

一、实训目的

标准文本：《固定污染源废气　总烃、甲烷和非甲烷总烃的测定　气相色谱法》（HJ 38—2017）

1. 掌握气袋采样法和注射器采样法。
2. 掌握气相色谱仪的使用及操作方法。
3. 掌握固定污染源废气非甲烷总烃的测定方法（HJ 38—2017），并对测定结果进行评价。

二、实训任务与要求

1. 做好实训预习工作，完成技能考核与评价表相关内容。

2. 根据企业案例情况准备实训器材。

3. 按照标准规范要求做好采样准备，完成仪器设备的检查。

4. 规范进行固定污染源废气非甲烷总烃（NMHC）监测，完成 NMHC 样品的采集与分析测试，明确质量控制与质量保证要点。

5. 规范记录和处理实训数据，进行结果计算与评价，并完成技能考核习题。

三、测定原理

将气体样品直接注入具氢火焰离子化检测器的气相色谱仪，分别在总烃柱和甲烷柱上测定总烃和甲烷的含量，两者之差即为非甲烷总烃的含量。同时以除烃空气代替样品，测定氧在总烃柱上的响应值，以扣除样品中的氧对总烃测定的干扰。

当进样体积为 1.0 mL 时，本标准测定非甲烷总烃的检出限为 0.07 mg/m^3（以碳计），测定下限为 0.28 mg/m^3（以碳计）。

四、仪器和设备

1. 采样容器：全玻璃材质注射器（如图 4.4-1），容积不小于 100 mL，清洗干燥后备用；气袋（如图 4.4-2）材质符合 HJ 732 的相关规定，容积不小于 1 L，使用前用除烃空气清洗至少 3 次。

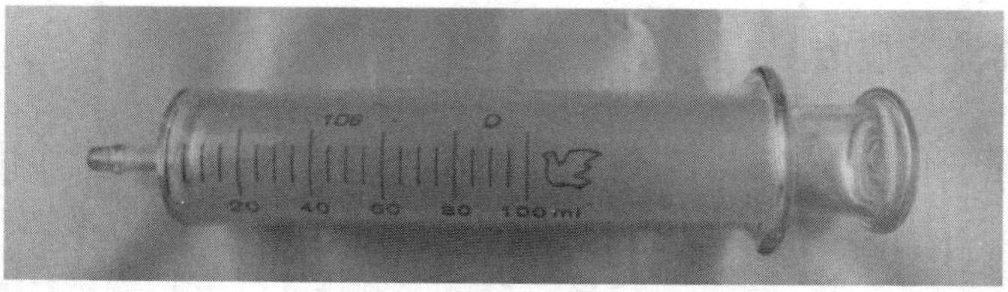

图 4.4-1　100 mL 玻璃注射器

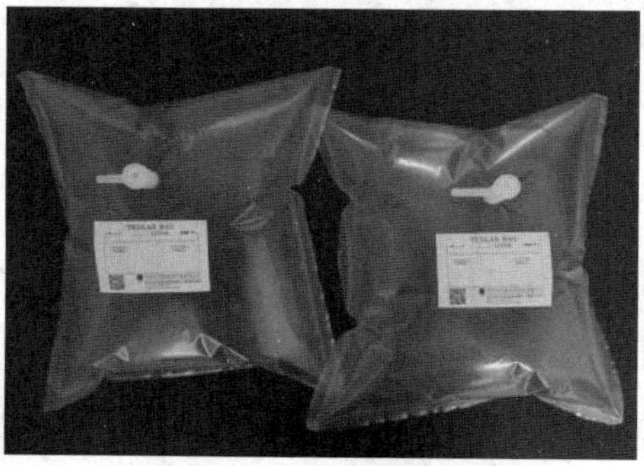

图 4.4-2　采气袋

2. 采样装置：气袋采样装置的要求执行 HJ 732 的相关规定（如图 4.4-3），采样装置如图 4.4-4 所示；玻璃注射器采样装置的要求执行 GB/T 16157 的相关规定（如图 4.4-5）。

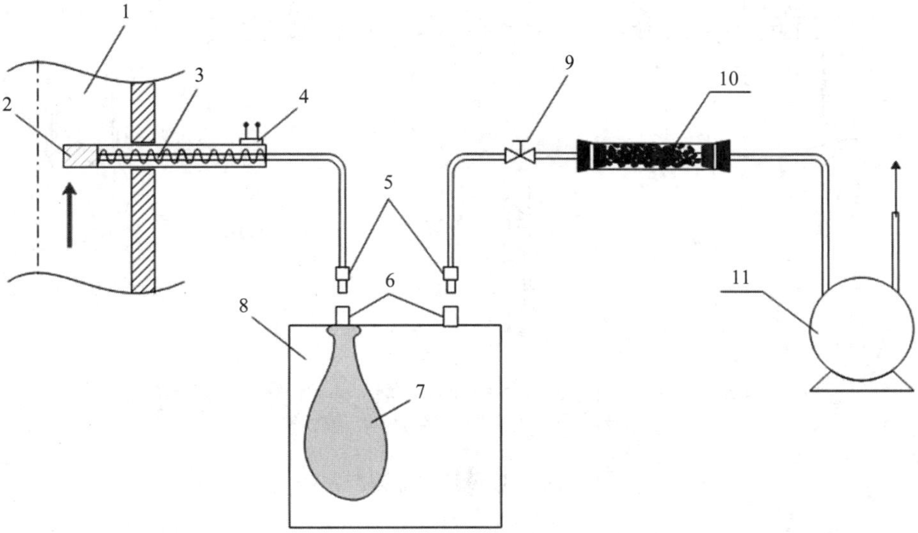

1—排气管道；2—玻璃棉过滤头；3—Teflon 连接管；4—加热套管；5—快逗接头阳头；6—快速接头阴头；
7—气袋；8—真空箱；9—阀门；10—活性炭过滤器；11—抽气泵

图 4.4-3　气袋采样系统

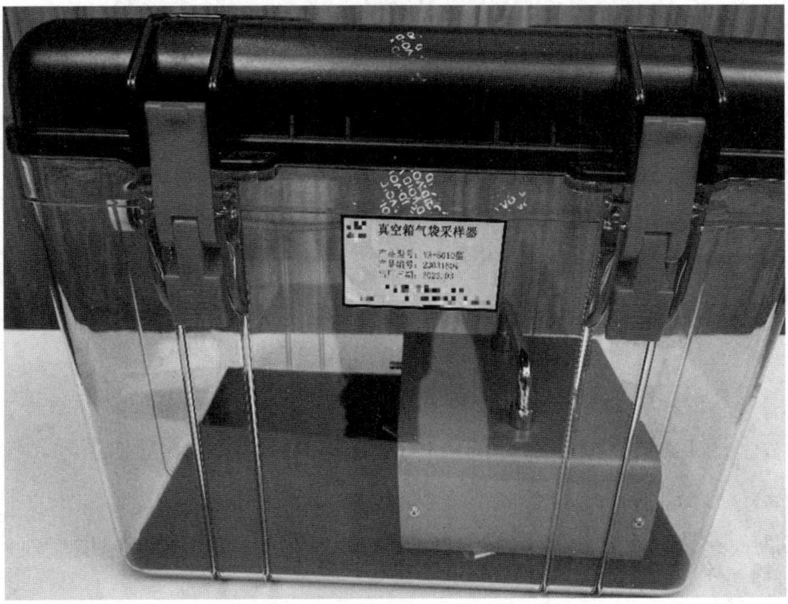

图 4.4-4　真空箱气袋采样器

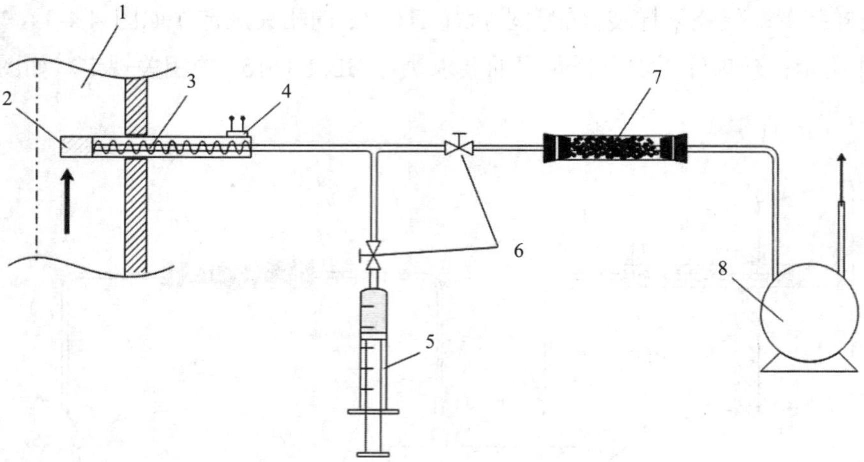

1—排气管道；2—玻璃棉过滤头；3—Teflon 连接管；4—加热套管；5—注射器；
6—阀门；7—活性炭过滤器；8—抽气泵

图 4.4-5　玻璃注射器采样系统

3. 样品保存箱：具有避光功能。

4. 气相色谱仪（如图 4.4-6）：具氢火焰离子化检测器。

图 4.4-6　GC-2010 Plus 气相色谱仪

5. 进样器：带 1 mL 样品定量环的进样阀或 1 mL 气密玻璃注射器。

6. 色谱柱。

7. 样品加热装置：能够将样品置于其中加热至不低于 120℃，温度控制精度为±5℃。

五、试剂和材料

除非另有说明，分析时均使用符合国家标准的分析纯化学试剂和蒸馏水。

1. 除烃空气：总烃含量（含氧峰）≤0.40 mg/m^3（以甲烷计）；或在甲烷柱上测定，

除氧峰外无其他峰。

2. 甲烷标准气。

3. 氮气：纯度≥99.999%。

4. 氢气：纯度≥99.99%。

5. 空气：用净化管净化。

6. 标准气体稀释气：高纯氮气或除烃氢气，纯度≥99.999%，按样品测定步骤测试，总烃测定结果应低于方法检出限。

六、样品

（一）样品采集

1. 气袋采集

按照图 4.4-3 连接采样装置。固定污染源废气采样位置与采样点、采样频次和采样时间的确定、排气参数的测定和采样操作执行 GB/T 16157、HJ/T 397 和 HJ 732 的相关规定。开启加热采样管电源，采样时将采样管加热并保持在 120℃±5℃（有防爆安全要求的除外），气袋须用样品气清洗至少 3 次，结束采样后样品应立即放入样品保存箱内保存，直至样品分析时取出。

实训视频：非甲烷总烃的测定——气袋清洗

实训视频：非甲烷总烃的测定——气袋采集

2. 玻璃注射器采集

按照图 4.4-5 连接采样装置。固定污染源废气采样位置与采样点、采样频次和采样时间的确定、排气参数的测定和采样操作执行 GB/T 16157 和 HJ/T 397 的相关规定。开启加热采样管电源，采样时将采样管加热并保持在 120℃±5℃（有防爆安全要求的除外），玻璃注射器须用样品气清洗至少 3 次，结束采样后样品应立即放入样品保存箱内保存，直至样品分析时取出。采集样品的玻璃注射器用惰性密封头密封。

（二）运输空白

将注入除烃空气的采样容器带至采样现场，与同批次采集的样品一起送回实验室分析。

（三）样品保存

采集样品的玻璃注射器应小心存放，防止破损，保持针头端向下状态放入样品保存箱内保存和运送。

样品常温避光保存，采样后尽快完成分析。玻璃注射器保存的样品，放置时间不超过 8 h；气袋保存的样品，放置时间不超过 48 h。

七、分析步骤

实训视频：非甲烷总烃的测定——分析步骤

（一）色谱分析参考条件

进样口温度：100℃。

柱温：80℃。

检测器温度：200℃。

载气：氮气，填充柱流量为15～25 mL/min，毛细管柱流量为8～10 mL/min。

燃烧气：氢气，流量约为30 mL/min。

助燃气：空气，流量约为300 mL/min。

毛细管柱尾吹气：氮气，流量为15～25 mL/min，不分流进样。

进样量：1.0 mL。

（二）校准

1. 校准系列的制备

以100 mL玻璃注射器（预先放入一片硬质聚四氟乙烯小薄片）或1 L气袋为容器，按1∶1的体积比，用标准气体稀释气将甲烷标准气逐级稀释，配制5个浓度梯度的校准系列。根据样品预估浓度可分别建立高浓度、低浓度校准曲线，高浓度校准曲线各点浓度分别为50.0 μmol/mol、100.0 μmol/mol、200.0 μmol/mol、400.0 μmol/mol和800.0 μmol/mol；低浓度校准曲线各点浓度分别为1.00 μmol/mol、2.00 μmol/mol、4.00 μmol/mol、8.00 μmol/mol和16.0 μmol/mol。

注：校准系列可根据实际样品情况确定适宜的浓度范围，也可选用动态气体稀释仪配制，或向具有资质生产商定制。

2. 绘制标准曲线

由低浓度到高浓度依次抽取1.0 mL校准系列，注入气相色谱仪，分别测定总烃、甲烷。以总烃和甲烷的浓度（μmol/mol）为横坐标，以其对应的峰面积为纵坐标，分别绘制总烃、甲烷的校准曲线。

（三）样品分析

1. 总烃和甲烷的测定

取1.0 mL待测样品，按照与绘制曲线相同的操作步骤和分析条件，测定样品中总烃和甲烷的峰面积，总烃峰面积应扣除氧峰面积后参与计算。在样品分析之前须观察采样容器内壁，如有液滴凝结现象，则应放入样品加热装置中至液滴凝结现象消除，然后迅速分析；玻璃注射器在加热装置中加热时应保持针头向下状态。

注 1：样品气一般以空气为基体，当样品浓度高于校准曲线最高点时，应用除烃空气进行适当稀释。

注 2：样品测定时总烃色谱峰后出现的其他峰，应一并计入总烃峰面积。

2. 氧峰面积的测定

取 1.0 mL 除烃空气，按照与绘制校准曲线相同的操作步骤和分析条件，测定其在总烃柱上的氧峰面积。

（四）空白试验

运输空白样品按与绘制校准曲线相同的操作步骤和分析条件测定。

八、结果计算

（一）结果计算

样品中总烃、甲烷的质量浓度按照式（4.4-1）进行计算。

$$\rho=\phi\times\frac{16}{22.4}\times D \tag{4.4-1}$$

式中：ρ —— 样品中总烃或甲烷的质量浓度（以甲烷计），mg/m^3；

ϕ —— 从校准曲线获得的样品中总烃或甲烷的浓度（总烃计算时应扣除氧峰面积），μmol/mol；

16 —— 甲烷的摩尔质量，g/mol；

22.4 —— 标准状态下气体的摩尔体积，L/mol；

D —— 样品的稀释倍数。

样品中非甲烷总烃质量浓度按照式（4.4-2）进行计算。

$$\rho_{NMHC}=(\rho_{THC}-\rho_{M})\times\frac{12}{16} \tag{4.4-2}$$

式中：ρ_{NMHC} —— 样品中非甲烷总烃的质量浓度（以碳计），mg/m^3；

ρ_{THC} —— 样品中总烃的质量浓度（以碳计），mg/m^3；

ρ_{M} —— 样品中甲烷的质量浓度（以碳计），mg/m^3；

12 —— 碳的摩尔质量，g/mol；

16 —— 甲烷的摩尔质量，g/mol。

（二）结果表示

当测定结果小于 1 mg/m^3 时，保留至小数点后两位；当结果大于或等于 1 mg/m^3 时，保留 3 位有效数字。

九、质量控制与质量保证

1. 采样前采样容器应使用除烃空气清洗，然后进行检查。每 20 个或每批次（少于 20 个）应至少取 1 个注入除烃空气，室温下放置不少于实际样品保持时间后，按样品测定步骤分析，总烃测定结果应低于标准方法检出限。重复使用的气袋，均须在采样前进行空白实验，总烃测定结果应低于标准方法检出限。

2. 采样系统连接后，应按照 GB/T 16157、HJ/T 397 和 HJ 732 的有关规定对采样系统进行气密性检查。

3. 校准曲线的相关系数应大于或等于 0.995。

4. 运输空白样品总烃测定结果应低于标准方法检出限。

5. 每批样品应至少分析 10%的实验室内平行样，其测定结果的相对偏差应不大于 15%。

6. 每批次样品分析前后，应测定校准曲线范围内有证标准气，结果的相对误差应不大于 10%。

7. 应定期对流量计、皮托管、温度传感器等进行校准。

十、注意事项

1. 采样容器在采样现场应存放在密闭的样品保存箱中，以避免污染。

2. 分析高沸点组分样品后，可通过提高柱温等方式去除分析系统残留的影响，并通过分析除烃空气予以确认。

实训五　饮食业油烟的测定

2001 年的《饮食业油烟排放标准》（GB 18483—2001）附录 A 规定了饮食业油烟的采样方法和分析方法，生态环境部于 2019 年发布了《固定污染源废气　油烟和油雾的测定　红外分光光度法》（HJ 1077—2019），两个方法均为现行有效标准，但随着消耗臭氧层物质四氯化碳实验室用途淘汰进程的加快，生态环境部鼓励优先使用 HJ 1077—2019 方法。本实验按照 HJ 1077—2019 的要求开展。

标准文本：《固定污染源废气　油烟和油雾的测定　红外分光光度法》（HJ 1077—2019）

一、实训目的

1. 掌握烟道的布点方法。

2. 掌握烟道气基本状态参数的测定方法。

3. 掌握饮食业油烟的测定方法。

4. 熟练掌握自动烟尘（气）测试仪的使用方法。

二、实训任务与要求

1．做好实训预习工作，完成技能考核与评价表相关内容。

2．根据工作任务情境准备实训器材。

3．按照标准规范要求做好采样准备，完成仪器设备的检查与校准、金属滤筒的准备。

4．规范进行餐饮废气油烟测定，完成颗粒物样品的采集与分析测试，明确质量控制与质量保证要点。

5．规范记录和处理实训数据，进行结果计算与评价。

6．明确质量控制与质量保证要点，完成技能考核习题。

三、油烟测定原理

用等速采样法抽取油烟排气筒内的气体，将油烟吸附在油烟雾采集头内。将收集了油烟的采集滤芯置于带盖的聚四氟乙烯套筒中，回实验室后用四氯乙烯作溶剂进行超声清洗，移入比色管中定容，用红外分光光度法测定油烟的含量。

当采样体积为 250 L（标准状态），萃取液体积为 25 mL，使用 4 cm 石英比色皿时，本方法油烟和油雾的检出限均为 0.1 mg/m^3，测定下限均为 0.4 mg/m^3。

四、仪器

1. 红外分光测油仪，能在 2 400～3 400 cm^{-1} 进行扫描操作，并配有 4 cm 带盖石英比色皿（如图 4.5-1）。

图 4.5-1　红外分光测油仪

2. 超声波清洗器（如图 4.5-2）。

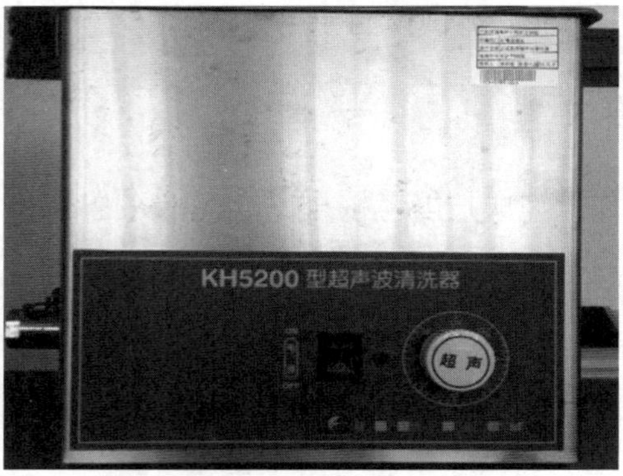

图 4.5-2　超声波清洗器

3. 容量瓶：250 mL、100 mL、25 mL。

4. 比色管：25 mL。

5. 金属采样滤筒：316 不锈钢，内部充填毛面玻璃微珠或 316 不锈钢纤维，滤筒清洗后用无油清洁空气吹干置于套筒内保存。当油烟浓度在 10 mg/m^3 以上时，油烟采集效率应≥95% [如图 4.5-3（a）]。

6. 带盖聚四氟乙烯圆柱形套筒，如图 4.5-3（b）所示。

7. 自动烟尘（气）测试仪 [含配套烟枪，如图 4.5-3（c）所示]。

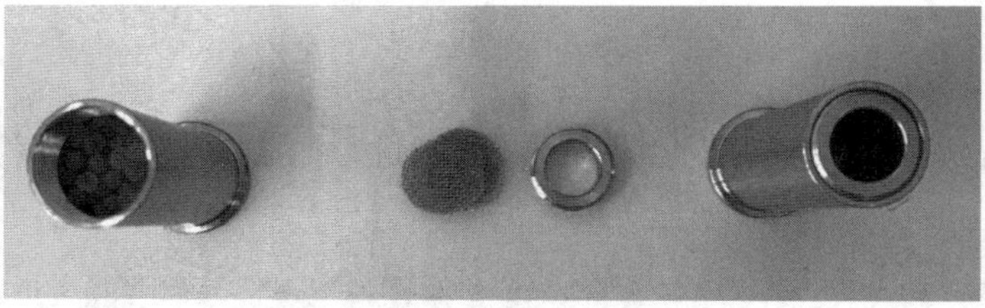

（a）

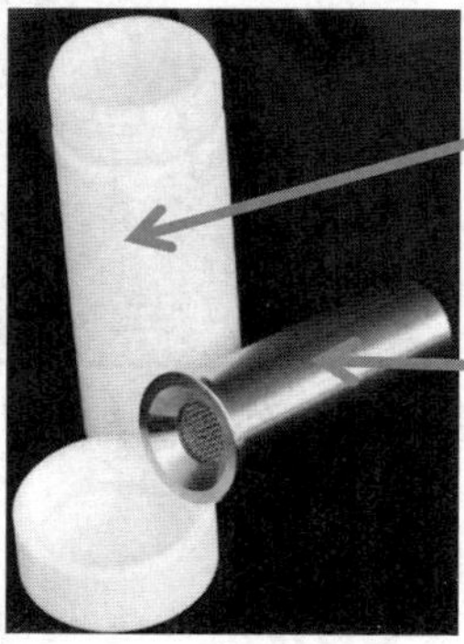

（b）

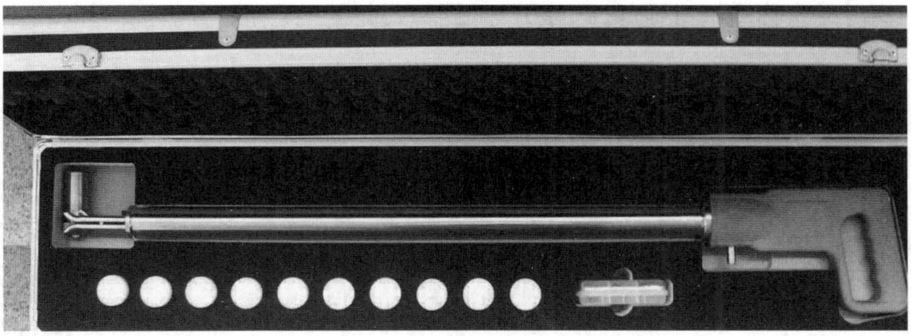

（c）

图 4.5-3　油烟采集装置

五、试剂

1. 四氯乙烯（C_2Cl_4）：用 4 cm 比色皿，空气池做参比，在波数 2 930 cm^{-1}、2 960 cm^{-1} 和 3 030 cm^{-1} 处吸光度应分别不超过 0.34、0.07 和 0。

2. 油烟标准油：在 500 mL 三颈蒸馏瓶中加入 300 mL 花生油，侧口插入量程为 500℃的温度计，先控制温度于 120℃，敞口加热 30 min，然后在其正上方安装一空气冷凝管，升温至 300℃，回流 2 h，即得标准油，放冷后取适量放入带聚四氟乙烯衬垫螺旋盖的 500 mL 样品瓶中。

3. 油烟标准油贮备液，$\rho \approx 1 \times 10^4$ mg/L：将 100 mL 空容量瓶称重（准确至 1 mg），然后滴入约 1 g 油烟标准油，再次称重（准确至 1 mg），加四氯乙烯至标线，混匀，计算油烟标准油贮备液准确浓度。

4. 油烟标准油使用液，ρ=100 mg/L：移取适量的油烟标准油贮备液于 250 mL 容量瓶中，用四氯乙烯稀释至标线。

5. 正十六烷标准贮备液，$\rho \approx 1 \times 10^4$ mg/L：将 100 mL 空容量瓶称重（准确至 1 mg），然后滴入约 1 g 正十六烷，再次称重（准确至 1 mg），加四氯乙烯定容，混匀，计算正十六烷标准贮备液准确浓度。

6. 正十六烷标准使用液，$\rho = 1.00 \times 10^3$ mg/L：移取适量的正十六烷标准贮备液于 100 mL 容量瓶中，用四氯乙烯定容，混匀。

7. 异辛烷标准贮备液，$\rho \approx 1 \times 10^4$ mg/L：将 100 mL 空容量瓶称重（准确至 1 mg），然后滴入约 1 g 异辛烷，再次称重（准确至 1 mg），加四氯乙烯定容，混匀，计算异辛烷标准贮备液准确浓度。

8. 异辛烷标准使用液，$\rho = 1.00 \times 10^3$ mg/L：移取适量的异辛烷标准贮备液于 100 mL 容量瓶中，用四氯乙烯定容，混匀。

9. 苯标准贮备液，$\rho \approx 1 \times 10^4$ mg/L：将 100 mL 空容量瓶称重（准确至 1 mg），然后滴

入约 1 g 苯，再次称重（准确至 1 mg），加四氯乙烯定容，混匀，计算苯标准贮备液准确浓度。

10. 苯标准使用液，ρ=1.00×10^3 mg/L：移取适量的苯标准贮备液于 100 mL 容量瓶中，用四氯乙烯定容，混匀。

注：可直接购买市售有证标准溶液。

六、采样和样品保存

实训视频：油烟的测定——样品采集

1. 采样位置：采样位置应优先选择在垂直管段。应避开烟道弯头和断面急剧变化部位。采样位置应设置在距弯头、变径管下游方向不小于 3 倍直径和距上述部位上游方向不小于 1.5 倍直径处。对矩形烟道，其当量直径 $D=2AB/(A+B)$，其中 A、B 为边长。

2. 采样点：当排气管截面积小于 0.5 m^2 时，只测一个点，取动压中位值处；超过上述截面积时，则按 GB/T 16157—1996 有关规定进行。

3. 采样时间和频次：执行 GB 18483—2001 规定的排放限值指标体系时，采样时间应在油烟排放单位正常作业期间，采样次数为连续 5 次，每次 10 min。

4. 采样工况：样品采集应在油烟排放单位作业（炒菜、食品加工或其他产生油烟的操作）高峰期进行。

5. 采样步骤：参照 GB/T 16157—1996 的烟尘等速采样步骤和项目四实训一工业源高浓度烟尘（气）测定步骤进行。

（1）采样前，先检查系统的气密性。安装一个空白金属滤筒，并密封好滤筒进气口，连接好管线，确保进气口堵严，启动气密性检查。仪器自行进行气密性检查，检查通过，则显示气密性良好，按返回退出。

（2）加热用于湿度测量的全加热采样管，润湿湿球，测出干球、湿球温度和湿球负压。测量烟气温度、大气压和排气筒直径。测量烟气动压、静压等参数。

（3）计算烟气含湿量、烟气流速、等速采样流量及确定采样嘴直径。

（4）装采样嘴及滤筒：装滤筒时需小心将滤筒直接从聚四氟乙烯套筒中倒入采样头内，特别注意不要污染滤筒表面。

（5）将采样管的采样嘴背向气流插入烟道内，封闭采样孔。

（6）设置采样时间、滤筒编号，启动采样，同时立即反转采样管使采样嘴及皮托管全压测孔正对气流，开始采样。

（7）用油烟采集器采集油烟。

（8）记录采样前后累积体积、滤筒编号、采样流量、温度及采样时间等。

6. 样品保存：采集了油烟的滤筒应立即转入聚四氟乙烯清洗杯中，盖紧盖子；样品若不能在 24 h 内测定，可在冰箱的冷藏室中（≤4℃）保存 7 天。

七、分析步骤

实训视频：油烟的测定——分析步骤

1. 校准

（1）校正系数的确定

分别量取 2.00 mL 正十六烷标准使用液、2.00 mL 异辛烷标准使用液和 10.00 mL 苯标准使用液于 3 个 100 mL 容量瓶中，用四氯乙烯定容至标线，混匀。正十六烷、异辛烷和苯标准溶液的浓度分别为 20.0 mg/L、20.0 mg/L 和 100 mg/L。用四氯乙烯做参比溶液，使用 4 cm 比色皿，分别测定正十六烷、异辛烷和苯标准溶液在 2 930 cm^{-1}、2 960 cm^{-1} 和 3 030 cm^{-1} 处的吸光度 A_{2930}、A_{2960} 和 A_{3030}。代入式（4.5-1）求解后，可分别得到相应的校正系数 X、Y、Z 和 F，输入仪器进行校准。

$$\rho = X \times A_{2930} + Y \times A_{2960} + Z(A_{3030} - \frac{A_{2930}}{F}) \quad (4.5\text{-}1)$$

式中：ρ —— 四氯乙烯中目标物的含量，mg/L；

A_{2930}、A_{2960}、A_{3030} —— 分别为 2 930 cm^{-1}、2 960 cm^{-1}、3 030 cm^{-1} 处测得的吸光度；

X、Y、Z —— 与各种 C—H 键吸光度相对应的系数；

F —— 脂肪烃对芳香烃影响的校正因子，即正十六烷在 2 930 cm^{-1} 和 3 030 cm^{-1} 处的吸光度之比。

对于正十六烷和异辛烷，由于其芳香烃含量为零，即 $A_{3030} - \frac{A_{2930}}{F} = 0$，则有：

$$F = \frac{A_{2930}(H)}{A_{3030}(H)} \quad (4.5\text{-}2)$$

$$\rho(H) = X \times A_{2930}(H) + Y \times A_{2960}(H) \quad (4.5\text{-}3)$$

$$\rho(I) = X \times A_{2930}(I) + Y \times A_{2960}(I) \quad (4.5\text{-}4)$$

由式（4.5-2）可得 F 值，由式（4.5-3）和式（4.5-4）可得 X 值和 Y 值。

对于苯，则有：

$$\rho(B) = X \times A_{2930}(B) + Y \times A_{2960}(B) + Z\left[A_{3030}(B) - \frac{A_{2930}(B)}{F}\right] \quad (4.5\text{-}5)$$

由式（4.5-5）可得 Z 值。

式中：$\rho(H)$ —— 正十六烷标准溶液的浓度，mg/L；

$\rho(I)$ —— 异辛烷标准溶液的浓度，mg/L；

$\rho(B)$ —— 苯标准溶液的浓度，mg/L；

$A_{2930}(H)$、$A_{2960}(H)$、$A_{3030}(H)$ —— 分别为 2 930 cm^{-1}、2 960 cm^{-1}、3 030 cm^{-1} 处测得正十六烷标准溶液的吸光度；

$A_{2930}(I)$、$A_{2960}(I)$、$A_{3030}(I)$——分别为 2 930 cm^{-1}、2 960 cm^{-1}、3 030 cm^{-1} 处测得异辛烷标准溶液的吸光度；

$A_{2930}(B)$、$A_{2960}(B)$、$A_{3030}(B)$——分别为 2 930 cm^{-1}、2 960 cm^{-1}、3 030 cm^{-1} 处测得苯标准溶液的吸光度。

（2）校正系数的检验

每批样品均应进行校正系数的检验，根据所需浓度，取适量油烟标准油使用液，用四氯乙烯配制适当浓度的标准溶液，按照试样测定步骤进行测定，如果测定值与标准值的相对误差在±10%以内，则校正系数可采用。否则需查找原因，重新测定校正系数并校准仪器，或者重新配制检验校正系数用的标准溶液。

注：红外分光光度计出厂时如果设定了校正系数，不必每次测定校正系数；当校正系数检验不合格时，需重新测定校正系数。

2. 油烟标准曲线的绘制

分别取油烟标准油使用液 0 mL、2.5 mL、5.00 mL、10.00 mL、15.00 mL、20.00 mL 于 6 个 25 mL 的容量瓶中，用四氯乙烯定容分别得到浓度为 0 mg/L、10 mg/L、20 mg/L、40 mg/L、60 mg/L、80 mg/L 的标准溶液。

（1）打开红外测油仪，预热 20 min 以上，打开测试软件；

（2）进行空白测定，比色皿中装入四氯乙烯溶剂放入红外测油仪，分析方法选择红外分光光度法，测试类型选择空白测试，设置好样品名称、测试次数等信息，点击“开始测试”，测试完成后点击“保存”；

（3）进行标样测试，浓度由低到高依次完成标样上机测试，具体操作是先将 4 cm 比色皿置于红外测油仪内，分析方法选择红外分光光度法，测试类型选择标样测试，设置好样品名称、测试次数、标样编号等信息，点击“开始测试”；全部标样完成测试后点击“计算”，再点击“保存”，标准曲线绘制完毕。

3. 油烟试样制备

（1）在采样后的套筒中加入四氯乙烯溶剂 12 mL，旋紧套筒盖，将套筒置于超声波清洗器，超声清洗 10 min。

（2）把萃取液转移到 25 mL 比色管中。

（3）再加入 6 mL 四氯乙烯超声清洗 5 min，把萃取液同样转移到上述 25 mL 的比色管中。

（4）再用少许四氯乙烯清洗滤筒及聚四氟乙烯杯两次，清洗液一并转移到上述 25 mL 的比色管中，加入四氯乙烯稀释至刻度标线，密封待测。

4. 样品测定

将制备好的油烟样品置入 4 cm 石英比色皿中，盖上比色皿盖，以四氯乙烯为参比，于 2 930 cm^{-1}、2 960 cm^{-1} 和 3 030 cm^{-1} 处测定其吸光度 A_{2930}、A_{2960} 和 A_{3030}。

具体操作：分析方法选择红外分光光度法—测试类型为样品测试—输入样品名称—设定测试次数—输入萃取液体积—输入油烟样品对应的标干体积，稀释倍数为 1—点击“开始”—测试完成。

5. 空白试样测定

用空白滤筒，按照试样的制备步骤制备空白试样。

将空白试样倒入 4 cm 石英比色皿内，盖好比色皿盖，再将比色皿放入红外测油仪，进行空白试样测试。

具体操作：分析方法选择红外分光光度法—测试类型为样品测试—样品名称输入为空白油烟样品—设定测试次数—输入萃取液体积，标干体积可以忽略，稀释倍数为 1—点击“开始”—测试完成。

八、油烟浓度计算

（一）实测排放浓度

$$C=\frac{C_{溶液}\cdot V}{V_{\mathrm{nd}}} \tag{4.5-6}$$

式中：C —— 油烟排放浓度，mg/m^3；

$C_{溶液}$ —— 滤筒清洗液油烟浓度，mg/L；

V —— 滤筒清洗液稀释定容体积，mL；

V_{nd} —— 标准状态下干气的采样体积，L。

五次采样分析结果之间，其中任何一个数据与最大值比较，若该数据小于最大值的 1/4，则该数据为无效值，不能参与平均值计算。数据经取舍后，至少有 3 个数据参与平均值计算。若数据之间不符合上述条件，则需重新采样。

监测排放浓度时，应将实测排放浓度折算为基准风量时的排放浓度。

折算为基准风量时的排放浓度：

$$C_{基}=C\times\frac{Q_{测}}{nq_{基}} \tag{4.5-7}$$

式中：$C_{基}$ —— 折算为单个灶头基准排风量时的排放浓度，mg/m^3；

$Q_{测}$ —— 实测排风量，m^3/h；

C —— 实测排放浓度，m^3/h；

$q_{基}$ —— 单个灶头基准排风量，大型、中型、小型均为 2 000 m^3/h；

n —— 折算的工作灶头个数（基准灶头数）。

基准灶头数按灶的总发热功率或排气罩灶面投影总面积折算。每个基准灶头对应的发热功率为 1.67×10^8 J/h，对应的排气罩灶面投影面积为 1.1 m^2。基准灶头数计算方法可选用式（4.5-8）或者式（4.5-9），但两者计算的基准灶头数不一致时，优先选用式（4.5-8）的计算结果：

$$基准灶头数=\frac{灶头总发热功率\times(实际在用灶头数/总灶头数)}{1.67\times10^{8}\ \mathrm{J/h}} \tag{4.5-8}$$

$$基准灶头数=\frac{集气罩垂直投影面积\times(实际在用灶头数/总灶头数)}{1.1\ \mathrm{m}^{2}} \tag{4.5-9}$$

测定结果小数点后位数的保留与方法检出限保持一致，最多保留 3 位有效数字。

（二）治理效率

指经处理设施净化治理后的油烟与治理之前的油烟的质量百分比。

$$P=\frac{C_{前}\cdot Q_{前}-C_{后}\cdot Q_{后}}{C_{前}\cdot Q_{前}}\times100\% \tag{4.5-10}$$

式中：P —— 油烟去除效率，%；

$C_{前}$ —— 治理设施前的油烟浓度，mg/m^3；

$Q_{前}$ —— 治理设施前的排风量，m^3/h；

$C_{后}$ —— 治理设施后的油烟浓度，mg/m^3；

$Q_{后}$ —— 治理设施后的排风量，m^3/h。

九、质量控制与质量保证

1. 每批样品至少包括 1 个现场空白，当样品量超过 20 个时，至少有 10%的现场空白。

2. 空白试验的测定值应小于方法检出限。

3. 校正溶液仪器读数与实际浓度相对误差应在±10%以内，否则重新配制校正溶液。若仍不能满足要求，重新校正仪器。

4. 采样前对采样仪进行全面检查，并进行系统检漏试验。

5. 采样时尽可能把采样孔附近内油脂清理干净，采样过程中要十分小心，采样嘴千万不要接触油烟道管壁。

6. 监测采样时应当在炉灶运行稳定状态下进行，并有专人负责对工况的监督。

7. 采样嘴和皮托管对准油烟气流动方向，偏差不超过 10°。

8. 将装有空白四氯乙烯溶液的比色皿放进仪器比色皿池，在“空白测试”界面输入重复次数，点击“开始”按钮，扫描完成后，多次重复的空白谱图要求尽可能重合。

十、注意事项

1. 大多数饮食企业在油烟治理设施后的排放管段都是水平管段，由于油粒在重力沉降作用下会趋势向下运动，因此，在监测的时候需要把采样嘴位置在截面中心点稍向下移，或在该截面增加 1～2 个监测点，以弥补油粒分布不均匀所造成的影响。

2. 油烟采样现场一般环境比较恶劣，常为高空作业，采样人员一定要确保人机安全，做好防止高空跌落和防滑的措施，高温油烟气采样时，持采样管的人员应佩戴防烫手套，以防烫伤，采样过程应及时将采样孔堵住，以防正压烟道油烟气体喷出，也防止对烟道内气流的扰动。

3. 现场若使用交流电源时，请务必确认是 220 V 交流电，防止误接其他工业电源，以免损坏仪器，甚至造成人身伤害。采样过程中采样枪接地，注意用电安全。

4. 使用四氯乙烯时需佩戴防毒面具、防化学品手套，在通风橱内进行。

5. 新购置金属滤筒或采集高浓度油烟的滤筒，需用溶剂或洗涤剂洗涤。当用洗涤剂洗涤时，需用纯水将洗涤剂冲洗干净，并烘干。除用溶剂或洗涤剂外，还可将滤筒在 400℃下灼烧 1 h，去除油污染。处理后的滤筒测定值低于方法检出限后方可使用。

6. 实验过程中产生的有机废液须集中收集，统一处理。

7. 配制标准溶液、样品和空白的四氯乙烯宜使用同一批四氯乙烯。使用不同批次四氯乙烯时，如果校正系数检验测定值与标准值的相对误差超过 10%，需重新配制标准贮备液和使用液。

实训六　固定污染源废气臭气的测定

标准文本：《环境空气和废气　臭气的测定　三点比较式臭袋法》（HJ 1262—2022）

一、实训目的

1. 掌握嗅辨气袋的制备方法。

2. 掌握初始稀释倍数的确定方法。

3. 掌握固定污染源废气嗅辨实验的方法（HJ 1262—2022），并能进行嗅辨结果计算与评价。

二、实训任务与要求

1．做好实训预习工作，完成技能考核与评价表相关内容。

2．根据工作任务情境准备实训器材。

3．按照标准规范要求做好采样准备，完成仪器设备的检查与校准、真空瓶和采样袋的准备。

4．规范进行固定污染源废气臭气测定，完成臭气样品的采集与分析测定，明确质量控制与质量保证要点。

5．规范记录和处理实训数据，进行结果计算与评价。

6．完成技能考核习题。

三、测定原理

三点比较式臭袋法测定臭气，是先将三只无臭袋中的两只充入无臭空气，另一只则按一定稀释比例充入无臭空气和被测臭气样品供嗅辨员嗅辨，当嗅辨员正确识别有臭气袋后，再逐级进行稀释、嗅辨，直至稀释样品的臭气浓度低于嗅辨员的嗅觉阈值时终止实验。每个样品由若干名嗅辨员同时测定，最后根据嗅辨员的个人嗅觉阈值和嗅辨小组成员的平均阈值，求得臭气浓度。

本方法是嗅觉器官测定法，不受臭气物质种类、种类数目、浓度范围及所含成分浓度比例的限制。

四、仪器和设备

1. 真空瓶（如图 4.6-1）和采样袋（如图 4.6-2）：按 HJ 905 要求。

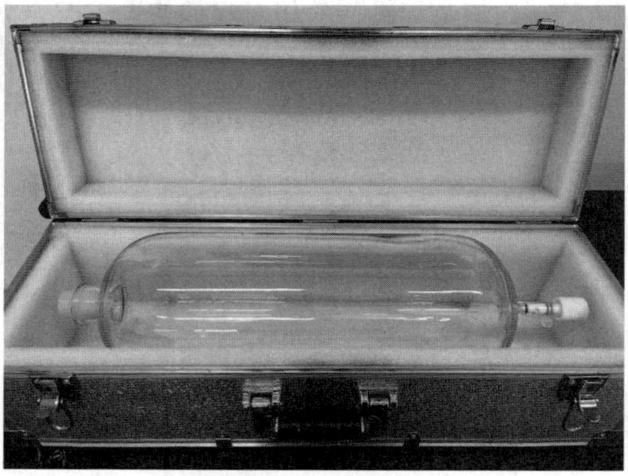

图 4.6-1　真空瓶

图 4.6-2　臭气采样袋

2. 抽真空泵：按 HJ 905 要求。

3. 真空表：量程 –0.1～0 MPa，最小分度值低于或等于 5 kPa，精度小于或等于 2.5 级。

4. 真空瓶与真空处理装置：真空瓶与真空处理装置由真空瓶、抽气真空泵、真空表、气量计和连接管等组成（如图 4.6-3）。气量计材质应选用无味材料，连接管应为聚四氟乙烯（PTFE）材质或其他无味无吸附材质短管。

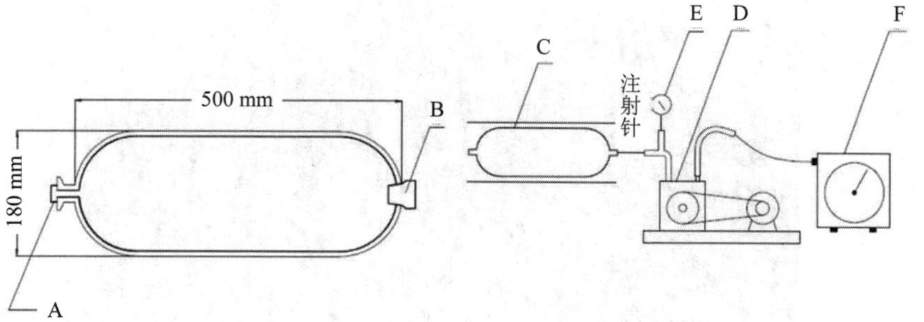

A—进气口硅胶塞；B—充填衬袋口硅胶塞；C—真空瓶；D—抽气真空泵；E—真空表；F—气量计

图 4.6-3　真空瓶与真空处理装置示意

5. 气袋采样箱系统：按 HJ 905 要求。

6. 采样袋连接头：不锈钢或聚四氟乙烯等无味无吸附材质。

7. 采样管：按 HJ 905 要求。

8. 空压机：按 HJ 905 要求。

9. 无臭空气净化装置：无臭空气净化装置由供气分配器、玻璃瓶、活性炭、分子筛、气体分散管、供气量调节阀和连接管等组成（如图 4.6-4 和图 4.6-5）。供气分配器、玻璃瓶和气体分散管均应采用硼硅玻璃材质。供气量调节阀应选用无味材料。连接管为 PTFE 材质或其他无味无吸附材质短管。

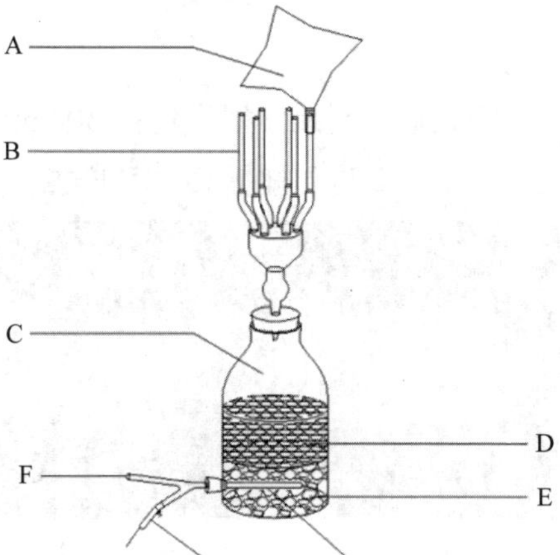

A—嗅辨袋；B—分气器；C—玻璃瓶；D—活性炭；E—分子筛；F—进气口；G—供气量调节阀；H—气体分散管

图 4.6-4　无臭空气净化装置示意

图 4.6-5　活性炭净化装置

10. 配气衬袋（如图 4.6-6）：样品分析时平衡采样瓶内压力。选用聚对苯二甲酸乙二醇酯（PET）或聚氟乙烯（PVF）等无味材质。

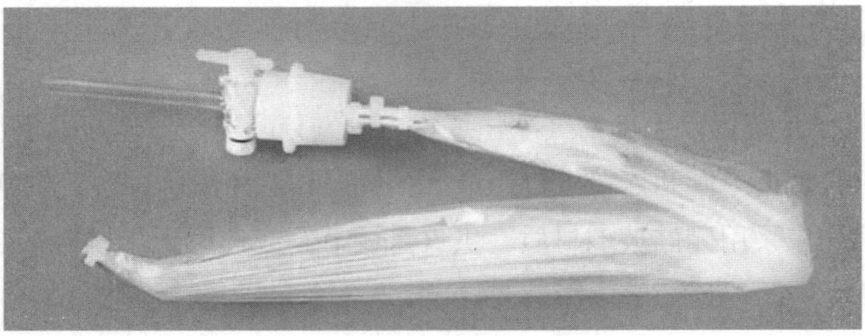

图 4.6-6　臭气衬袋

11. 注射器（如图 4.6-7）：硼硅玻璃材质。型号包括 300 mL、100 mL、50 mL、10 mL、5 mL、1 mL、500 μL、100 μL，根据实验具体需要，可增加其他型号注射器。

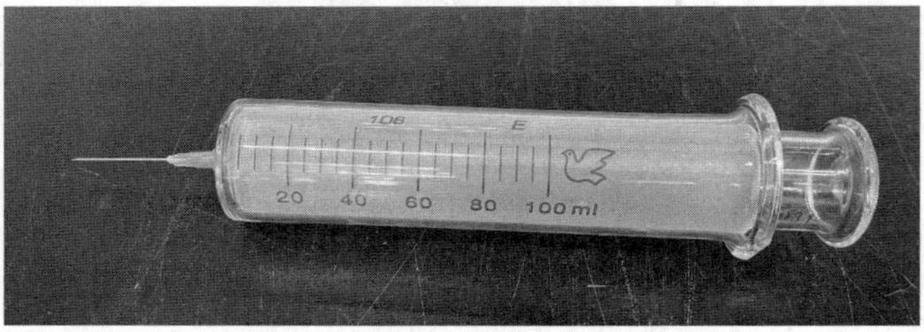

图 4.6-7　100 mL 注射器

12. 注射器针头：不锈钢材质。针头直径选择 1.2 mm、0.9 mm、0.6 mm，根据实验具体需要，可增加其他型号注射器针头。

13. 嗅辨袋（如图 4.6-8）：容量 3 L，选用 PET 或 PVF 等无味材质。出口处附有内径 10 mm、外径 12 mm、长 6 cm 的玻璃管及硅胶塞，3 个为一组。嗅辨袋充入气体后即为嗅辨气袋。

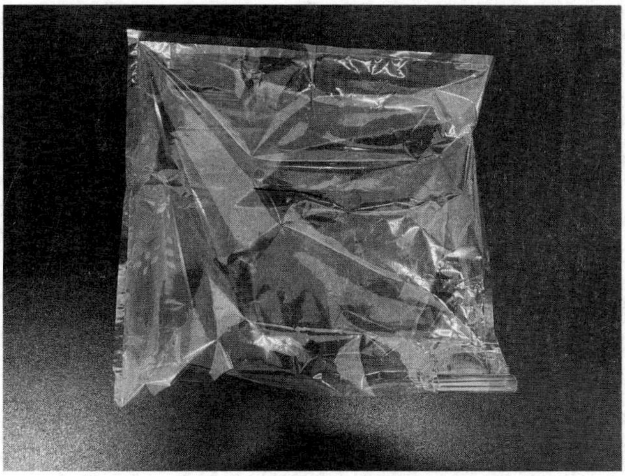

图 4.6-8　聚酯无臭嗅辨袋

14. 嗅辨袋连接头：硼硅玻璃材质。

15. 硅胶管和硅胶塞：硅橡胶材质。

16. 配气系统连接管：PTFE 材质。

17. 天平：实际分度值为 0.1 mg。

五、试剂和材料

除非另有说明，分析时均使用符合国家标准的分析纯试剂，实验用水为新制备的去离子水或蒸馏水。

1. 甲基环戊酮（$C_6H_{10}O$）：无色至淡黄色液体，优级纯。

2. β-苯乙醇（$C_8H_{10}O$）：无色黏稠液体，优级纯。

3. γ-十一烷酸内酯（$C_{11}H_{20}O_2$）：无色至淡黄色黏性液体，优级纯。

4. β-甲基吲哚（C_9H_9N）：白色结晶，优级纯。

5. 异戊酸（$C_5H_{10}O_2$）：无色黏稠液体，优级纯。

6. 正丁醇（C_4H_9OH）标准气体：无色气体，使用高压罐储存，市售有证标准物质且在有效期内使用。正丁醇气体的浓度为 60 μmol/mol。

7. 活性炭：选用食品医用级颗粒状活性炭（活性炭颗粒尺寸为 2.5～5 mm）或活性炭棉。

8. 分子筛：选用 5A 分子筛。

9. 液体石蜡：无臭液和标准臭液溶剂。

10. 标准臭液贮备液。

用恒重（连续 2 次烘干冷却称量的重量差小于 0.4 mg）的称量瓶分别称取 0.632 g（精确至 0.1 mg）甲基环戊酮、0.200 g（精确至 0.1 mg）β-苯乙醇、0.632 g（精确至 0.1 mg）γ-十一烷酸内酯、0.200 g（精确至 0.1 mg）β-甲基吲哚、0.200 g（精确至 0.1 mg）异戊酸，再向以上称量瓶中加入液体石蜡，继续称量至 20.000 g（精确至 0.1 mg）。用玻璃棒搅拌，使臭液纯品于液体石蜡中充分溶解、混匀，配制成为浓度（*w/w*）分别为 $10^{-1.5}$ 的甲基环戊酮、$10^{-2.0}$ 的 β-苯乙醇、$10^{-1.5}$ 的 γ-十一烷酸内酯、$10^{-2.0}$ 的 β-甲基吲哚、$10^{-2.0}$ 的异戊酸标准臭液贮备液。将各贮备液转移至棕色瓶中，密封，4℃条件下冷藏，可保存 6 个月。

11. 标准臭液使用液。

分别移取标准贮备液甲基环戊酮 1.00 mL、β-苯乙醇 10.0 mL、γ-十一烷酸内酯 1.00 mL、β-甲基吲哚 1.00 mL 和异戊酸 1.00 mL，于 5 个 1 000 mL 棕色容量瓶中，以液体石蜡定容。混匀后分装于安瓿瓶，即配制成所需浓度的标准臭液使用液，4℃条件下冷藏，可保存 2 年。

5 种标准臭液的组成与性质见 HJ 1262—2022 附录 A。

六、样品

根据《恶臭污染物环境监测技术规范》（HJ 905—2017）的规定，臭气浓度监测分为有组织排放源监测和无组织排放源监测。监测时要求的工况条件：一般应在生产负荷达到设计要求、生产设备处于稳定正常运行状态下，并达到相应标准或环境管理要求的生产负荷。在现场监测时要记录生产工况。特殊工况条件下监测时，应在报告中注明当时的生产工况。

（一）无组织排放监控点空气样品采集

无组织排放监控点空气采样操作执行 HJ 905 中的有关规定。

实训视频：臭气的测定——真空瓶采集

1. 点位布设：一般情况下，采样点位设立在厂界主导风向的下风向轴线及风向变化标准偏差±S°范围内，如图 4.6-9 所示。当不同企业恶臭污染源相邻时，可在被测企业上风向设对照点，以区别恶臭污染源对环境的影响。被测厂界无条件设置监测点位时，如处于水面山体交界，可将监测点位移入厂界内 10 m 范围内。当恶臭污染源与厂界相邻时要在污染源处于下风向的厂界处设置采样点位。当两个或两个以上无组织排放源的单位相毗邻时，应选择被测无组织排放源处于上风向时进行臭气浓度监测，其布点方法同前。

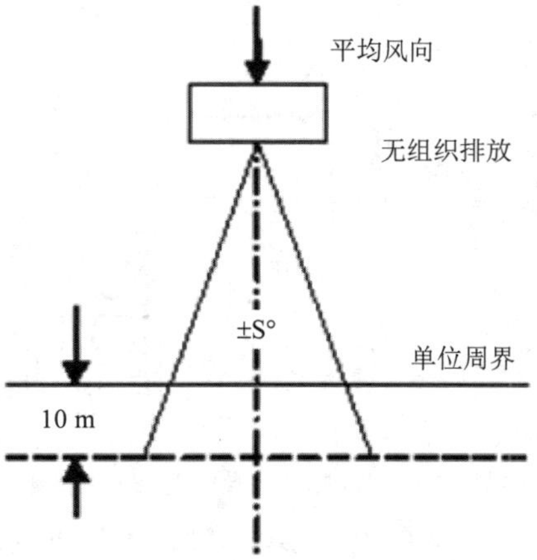

图 4.6-9　一般情况下监控点位设置示意

注：±S°风向变化标准偏差。±S°的计算测量方法：每分钟测量一次风向角度，连续测定 10 次，取其平均值并计算标准偏差范围值。

2. 采样点数量：一般设置 3 个点位，根据风向变化情况可适当增加或减少监控点位。

3. 采样点：采样点应设置在距地面高度 1.5 m 左右，当周围有高大建筑物时，采样点移至与障碍物呈小于 30°的夹角位置。采样点不受周围树木、建筑物影响，一般应存在 270°自由空间。采样点应避开近地面其他恶臭污染源的影响。

4. 实验室准备工作：用真空排气处理系统将真空瓶排气至瓶内压力接近 -1.0×10^5 Pa，采样前先检查真空瓶大口端胶塞上的负压表，其读数变化不能超过 20%，否则不能使用。

5. 采样时打开真空瓶进气端胶管的止气夹（或进气阀），使瓶内充入样品气体至常压，随即用止气夹封住进气口。采样后将真空瓶避光运回实验室，24 h 内测定。

（二）固定污染源废气样品采集

实训视频：臭气的测定——气袋采集

1. 选择垂直或水平且气流平稳的排放烟道处，并避开涡流区，保证测试人员能安全操作。排气流量的测试点位，参照 GB/T 16157 的有关规定。

2. 采用气袋采样方式采集臭气样品，连接方法如图 4.6-10 所示。排气温度较高时，应对采样导管予以水冷却或空气冷却，使进入采样袋气体温度接近常温，并选择在排气压力为正压或常压的位置上。

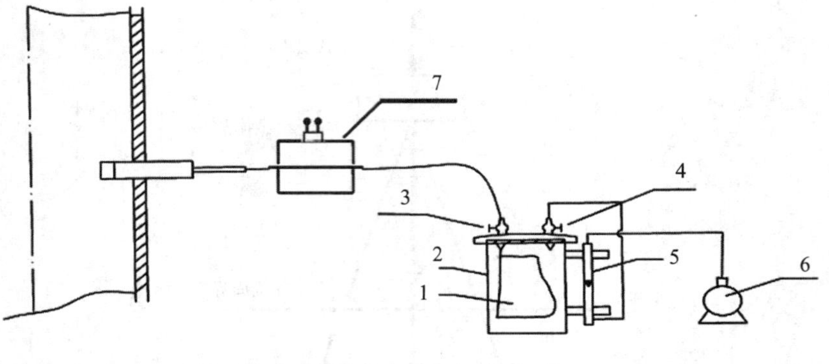

1—采样袋；2—气袋采样箱；3—进气口；4—排气口；5—流量计；6—抽气泵；7—冷凝器

图 4.6-10 气袋采样器采样系统

3. 有组织恶臭排放源的采样点位，可设置在排气管道中心。

4. 采样时应根据排气状况的调查结果确定采样的时机和充气速度，保证采集的气体样品具有代表性。正式采样前，用被测气体充洗采样袋 3 次。

（三）采样频次

1. 有组织排放源的采样频次

（1）连续有组织排放源采样频率按生产周期确定监测频率，生产周期在 8 h 以内的，每 2 h 采集一次，生产周期大于 8 h 的，每 4 h 采集一次，共采集 4 次，取其最大测定值。

（2）间歇有组织排放源应在排放浓度最高时段采样，样品采集次数不少于 3 次，取其最大测定值。

2. 无组织排放源的采样频次

（1）连续无组织排放源相隔 2 h 采一次，共采集 4 次，取其最大测定值。

（2）间歇无组织排放源应在污染物排放浓度最高时段采样，样品采集次数不少于 3 次，取其最大测定值。

（四）样品保存与运输

臭气样品采集后应避光保存，并在 24 h 内进行测定。样品保存与运输执行 HJ 905 中的有关规定。

七、分析步骤

（一）实验员选取

配气工作需实验员 2 名，且配气人员未参加当日臭气样品的现场采样。

无组织排放监控点空气样品分析的嗅辨小组由 6 名嗅辨员组成，固定污染源废气样品分析的嗅辨小组由不少于 4 名嗅辨员组成。嗅辨小组人员按 HJ 1262—2022 附录 B 要求选取。

（二）配气衬袋选取与换装

使用真空瓶采样时，应换装配气衬袋，使用采样袋采样时，无须此步骤。

根据真空瓶容积，选取同等容积的衬袋；换装时，应取下真空瓶的瓶塞，迅速将带通气管瓶塞的衬袋装入真空瓶并塞紧瓶塞。真空瓶和配气衬袋如图 4.6-11 所示。

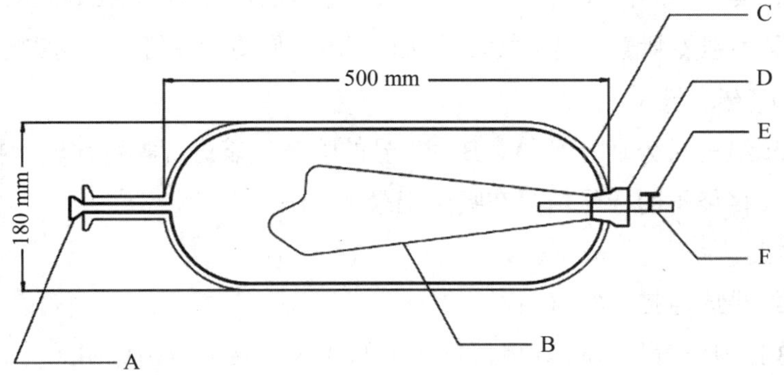

A—进气口硅胶塞；B—配气衬袋；C—真空瓶；D—配气衬袋硅胶塞；E—两通阀；F—玻璃通气管

图 4.6-11 真空瓶和配气衬袋示意

（三）嗅辨气袋的制备

使用空压机和无臭空气净化装置制备无臭空气嗅辨气袋。采用注射器抽取法，用注射器由真空采样瓶进气口硅胶塞处或采气管处抽取定量样品气，或直接从采样袋中抽取定量样品气，将抽取好样品气的注射器，迅速插入充有无臭空气的嗅辨气袋中，将样品气体注入，拔出注射器，晃动摇匀，完成嗅辨气袋制备。

嗅辨气袋可选用压力稀释法制备（压力稀释法原理参见 HJ 1262—2022 附录 C），借助压力来稀释样品气，达到稀释混合的目的，将加压的混合气分装到嗅辨气袋中，完成嗅辨气袋的制备。

（四）样品分析

1. 分析稀释梯度

无组织排放监控点空气样品分析稀释梯度见表 4.6-1，固定污染源废气样品分析稀释梯度见表 4.6-2。

表 4.6-1 无组织排放监控点空气样品分析稀释梯度

稀释倍数/倍	100	30	10	3
样品注入体积/mL	30	100	300	1 000

表 4.6-2 固定污染源废气样品分析稀释梯度

稀释倍数/倍	10	30	100	300	1 000	3 000	10 000	30 000	100 000	……
样品注入体积/mL	300	100	30	10	3	1	0.3	0.1	0.03	……

2. 初始稀释倍数确定

配气人员将臭气样品按稀释梯度配制一组嗅辨气袋，进行嗅辨尝试，从中选择一个既能明显嗅出气味又不强烈刺激的嗅辨气袋，以此嗅辨气袋的稀释倍数作为实验初始稀释倍数。

3. 嗅辨员嗅辨

嗅辨员对每组三只分别标有 A、B、C 号的嗅辨气袋进行嗅辨比较，挑出注入臭气样品的嗅辨气袋，将袋子的标号填写在嗅辨记录上。

4. 嗅辨实验

（1）无组织排放监控点空气

实训视频：臭气的测定——无组织排放废气臭气嗅辨试验

将 18 只 3 L 嗅辨气袋分成 6 组，每一组的 3 只气袋上分别标明 A、B、C 号，其中一只按初始稀释倍数，将样品气体定量注入充有无臭空气的嗅辨气袋，其余两只仅充满无臭空气，然后将 6 组嗅辨气袋发给 6 名嗅辨员嗅辨，每个稀释倍数实验重复进行 3 次。

嗅辨员进行嗅辨后，嗅辨结果以嗅辨气袋号（A、B、C）+自信度（猜测或肯定）给出。答案正确+肯定时，记为正确；答案正确+猜测时，记为不明确；答案错误时，记为错误。

将 6 名嗅辨员 3 次实验共 18 个嗅辨结果代入式（4.6-1）。

$$M = \frac{1.00 \times a + 0.33 \times b + 0 \times c}{18} \tag{4.6-1}$$

式中：M —— 小组平均正解率；

a —— 答案正确的人次数；

b —— 答案不明确的人次数；

1.00、0.33、0 —— 统计权重系数；

c —— 答案为错误的人次数；

18 —— 解答总数，人次。

实验终止判定：当 M 值大于 0.58 时，继续下一级稀释倍数实验，重复以上步骤；直至当 M 值小于或等于 0.58 时，实验结束。进行两次及以上稀释时，得到两个 M 值（M_1、M_2），其中 M_2 值为小于或等于 0.58 时稀释倍数的小组平均正解率，M_1 值为 M_2 值稀释倍数的上一级稀释倍数的小组平均正解率。

当初始稀释倍数为 10 的样品的 M 值小于或等于 0.58 时，实验自动结束，样品臭气浓度以“<10”或“=10”表示。

（2）固定污染源废气

将 12 只 3 L 嗅辨气袋分成 4 组，每一组的 3 只气袋上分别标明 A、B、C 号，将其中一只按初始稀释倍数，将样品气体定量注入充有无臭空气的嗅辨气袋，其余两只仅充满无臭空气，然后将 4 组嗅辨气袋发给 4 名嗅辨员嗅辨，嗅辨结果以嗅辨气袋号（A、B、C）给出。每个样品嗅辨实验重复进行两次。

臭气样品嗅辨实验后，将两次嗅辨实验得到的两组嗅辨员的个人嗅觉阈值数据进行 95%置信区间的 t 检验（t 分布临界值表参见 HJ 1262—2022 附录 D），如 t 检验结果表明两次嗅辨阈值无显著差异，则嗅辨实验结束；如 t 检验结果表明两次嗅辨阈值存在显著性差异，则再对该样品补充实验一次。选用通过 t 检验的两组阈值数据进行臭气浓度的计算。

实验终止判定：在每次嗅辨实验过程中，4 名嗅辨员同步进行嗅辨，当 4 名嗅辨员均出现过嗅辨结果错误时，则本次嗅辨实验结束。

八、结果计算与表示

（一）无组织排放监控点空气臭气结果计算

根据式（4.6-1）求得的 M_1 和 M_2 值按照式（4.6-2）、式（4.6-3）和式（4.6-4）计算无组织排放监控点空气样品的臭气浓度。

$$\alpha = \frac{M_1 - 0.58}{M_1 - M_2} \tag{4.6-2}$$

式中：α —— 幂参数；

M_1 —— 大于 0.58 时稀释倍数的小组平均正解率；

0.58 —— 正解率临界值；

M_2 —— 小于或等于 0.58 时稀释倍数的小组平均正解率。

$$\beta = \lg\frac{t_2}{t_1} \tag{4.6-3}$$

式中：β —— 幂参数；

t_2 —— 小组平均正解率为 M_2 时的稀释倍数；

t_1 —— 小组平均正解率为 M_1 时的稀释倍数。

$$Y = t_1 \times 10^{\alpha \cdot \beta} \tag{4.6-4}$$

式中：Y —— 样品臭气浓度；

t_1 —— 小组平均正解率为 M_1 时的稀释倍数；

α、β —— 幂参数。

（二）固定污染源废气臭气结果计算

1. 个人嗅觉阈值（X_i）按照式（4.6-5）进行计算。

$$X_i = \frac{\lg a_1 + \lg a_2}{2} \tag{4.6-5}$$

式中：a_1 —— 个人正解最大稀释倍数；

a_2 —— 个人误解稀释倍数；

2. t 检验公式。

t 检验按照式（4.6-6）进行计算。

$$t = \frac{\left|\overline{X}_1 - \overline{X}_2\right|}{\sqrt{\dfrac{S^2{}_{X_1} + S^2{}_{X_2} - 2\gamma S_{X_1} S_{X_2}}{n-1}}} \tag{4.6-6}$$

式中：t —— t 检验统计量；

$\overline{X}_1$ —— 第一次嗅辨，小组嗅觉阈值均值；

$\overline{X}_2$ —— 第二次嗅辨，小组嗅觉阈值均值；

$S^2{}_{X_1}$ —— 第一次嗅辨，小组嗅觉阈值方差；

$S^2{}_{X_2}$ —— 第二次嗅辨，小组嗅觉阈值方差；

γ —— 嗅辨小组两次嗅辨结果相关系数；

n —— 一次嗅辨个人嗅觉阈值结果个数。

3. 平均嗅觉阈值。

平均嗅觉阈值按照式（4.6-7）进行计算。

$$\overline{X} = \frac{\sum_{i=1}^{n} X_i}{n} \tag{4.6-7}$$

式中：$\overline{X}$ —— 平均嗅觉阈值；

X_i —— 个人嗅觉阈值；

n —— 小组两次个人嗅辨嗅觉阈值结果个数。

4. 样品臭气浓度。

样品臭气浓度按照式（4.6-8）计算。

$$Y = 10^{\overline{X}} \tag{4.6-8}$$

式中：Y —— 样品臭气浓度；

$\overline{X}$ —— 平均嗅觉阈值。

九、质量控制与质量保证

1. 样品分析工作应在符合 HJ 865 要求的恶臭嗅觉实验室内开展。

2. 嗅辨员的基本要求、嗅觉要求、日常管理以及实际样品测试时嗅辨员的选取按 HJ 1262—2022 附录 B 要求执行，嗅辨员管理记录参见 HJ 1262—2022 附录 F。

3. 新购进的实验材料需进行空白实验。将真空瓶、采样袋和嗅辨袋等充满无臭空气，静置一段时间（约 30 h）后进行嗅辨实验。以嗅辨员嗅辨实验结果进行判定，臭气浓度小于 10，即认为实验材质无味，方可投入使用。

4. 臭气采样和分析实验结束后，对实验材料及时进行清洗或更换。使用后的真空瓶按 HJ 905 要求进行清洗和管理，在下一次使用前需重复空白实验。

十、注意事项

1. 臭气样品分析实验采用无油泵（空压机）向无臭空气净化装置供气，严禁使用含油或其他散发气味的供气设备。

2. 无臭空气净化装置的通气速度、活性炭和分子筛的填充量、活性炭和分子筛的更换周期等根据嗅辨员嗅辨实验结果来决定。

3. 无组织排放监控点空气采样所用真空瓶与固定污染源废气采样所用真空瓶不得混用，采样袋和嗅辨袋均不得重复使用。

4. 标准臭液贮备液和标准臭液使用液应妥善保管，废弃物依法交由有资质的单位处置，严防泄漏造成恶臭污染。

5. 经嗅辨后的采样袋和嗅辨气袋应在通风橱内排气，不得在嗅辨室内排气。

6. 嗅辨员在参加嗅辨实验当日不得使用香料、有气味的洗浴用品和化妆品，患感冒或其他影响嗅觉的疾病（如过敏、鼻窦炎等）时不得参加嗅辨实验。

实训七　固定污染源废气氯化氢的测定

一、实训目的

1. 掌握固定污染源废气氯化氢的采样方法，包括无组织排放样品和固定污染源废气样品的采集。

2. 掌握固定污染源废气中氯化氢试样的制备方法。

3. 掌握离子色谱仪的使用和操作方法。

4. 掌握固定污染源废气氯化氢的测定方法（HJ 549—2016），并

标准文本：《环境空气和废气　氯化氢的测定　离子色谱法》（HJ 549—2016）

能进行结果计算与评价。

二、实训任务与要求

1. 做好实训预习工作，完成技能考核与评价表相关内容。

2. 根据工作任务情境准备实训器材。

3. 按照标准规范要求做好采样准备，完成采样器的检查与校准、冲击式吸收瓶和滤膜夹的准备。

4. 规范进行固定污染源废气氯化氢的测定，完成氯化氢样品的采集与分析测定，明确质量控制与质量保证要点。

5. 规范记录和处理实训数据，进行结果计算与评价。

6. 完成技能考核习题。

三、测定原理

用水或碱性吸收液分别吸收环境空气或固定污染源废气中的氯化氢，将形成含氯离子的试样注入离子色谱仪进行分离测定。用电导检测器检测，根据保留时间定性，根据峰面积或峰高定量。

四、仪器和设备

1. 空气采样器：采样流量 0～1 L/min。

2. 烟气采样器（如图 4.7-1）：采样流量 0～1 L/min，采样管为硬质玻璃或氟树脂材质，应具备加热和保温功能。本实训使用的是便携式四路烟气大气综合采样器。

图 4.7-1　便携式四路烟气大气综合采样器

3. 烟尘采样器：采样流量 5～50 L/min，采样管为硬质玻璃或氟树脂材质，应具备加热和保温功能。本实训使用的是 YLB-3330D 大流量低浓度烟尘烟气测试仪（如图 4.7-2）。

图 4.7-2　YLB-3330D 大流量低浓度烟尘烟气测试仪

4. 聚四氟乙烯滤膜或石英滤膜（如图 4.7-3）：对粒径大于 0.3 μm 颗粒物的阻留效率不低于 99.9%。

图 4.7-3　石英滤膜

5. 滤膜夹（如图 4.7-4）：聚四氟乙烯材质，尺寸与滤膜匹配。

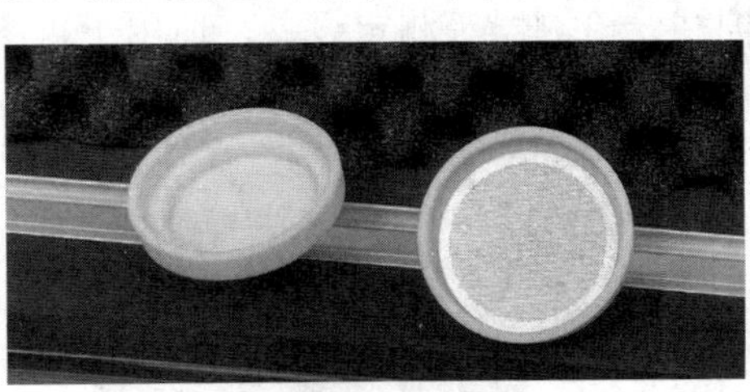

图 4.7-4　滤膜夹

6. 连接管：聚四氟乙烯软管或内衬聚四氟乙烯薄膜的硅橡胶管。

7. 冷却装置（如图 4.7-5）：冰水浴。

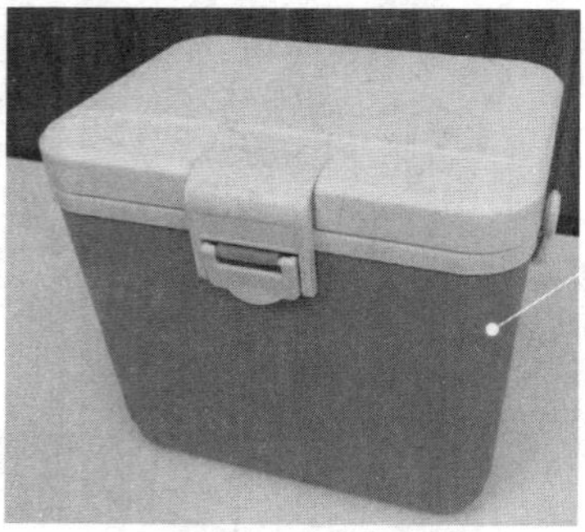

图 4.7-5　冷却装置

8. 冲击式吸收瓶（如图 4.7-6）：25 mL、75 mL。

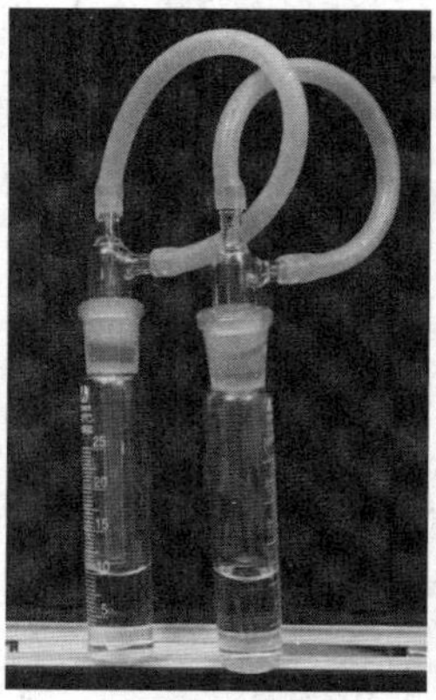

（a）25 mL

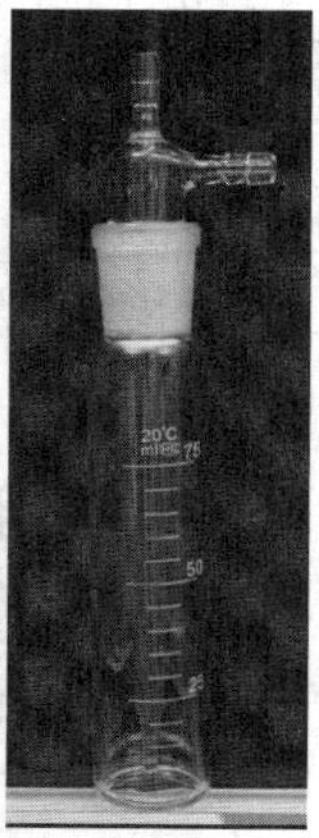

（b）75 mL

图 4.7-6　冲击式吸收瓶

9. 离子色谱仪（如图 4.7-7）：由离子色谱主机、操作软件及所需附件组成的分析系统。配备的阴离子分离柱（聚二乙烯基苯/乙基乙烯苯基质，具有烷醇季铵官能团、亲水性，高容量色谱柱）和阴离子保护柱、检测器等测定设备，适用于氯离子的检测。

图 4.7-7　CIC-D100 离子色谱仪

10. 乙酸纤维微孔滤膜：0.45 μm。

11. 一次性注射器：10 mL。

12. 一般实验室常用仪器和设备。

五、试剂和材料

除非另有说明，分析时均使用符合国家标准的分析纯试剂，实验用水为电阻率≥18 μΩ·cm 的新鲜去离子水。

1. 硫酸，$\rho(H_2SO_4)$=1.84 g/mL。

2. 氢氧化钠（NaOH）：优级纯。

3. 氢氧化钾（KOH）：优级纯。

4. 氯化钾（KCl）：优级纯。使用前，应于 105℃±5℃烘 2 h，置于干燥器中冷却至室温，备用。

5. 碱性吸收液，c(NaOH)=30 mmol/L 或 c(KOH)=30 mmol/L：称取 1.20 g 氢氧化钠，用水溶解并定容至 1 000 mL 聚乙烯瓶，混匀；或称取 1.68 g 氢氧化钾，用水溶解并定容至 1 000 mL 聚乙烯瓶中，混匀。临用现配。

6. 淋洗贮备液：根据仪器型号及色谱柱说明书使用条件进行配制。于 0～4℃冷藏、密封，可保存 3 个月。

7. 淋洗液：将淋洗贮备液稀释得到淋洗液，临用现配。

注 1：如仪器型号具备自动在线生成淋洗液功能，可自动生成。

注 2：淋洗液使用前应进行脱气处理，避免气泡进入离子色谱系统。

8. 氯化物贮备液，$\rho(Cl^-)$=1 000 mg/L：准确称取 0.525 7 g 氯化钾，用水溶解并定容至 250 mL 容量瓶，混匀。转入聚乙烯瓶中于 4℃以下冷藏、密封，可保存 6 个月。也可直接购买市售有证标准溶液。

9. 氯化物标准溶液，$\rho(Cl^-)$=100 mg/L：移取 10.00 mL 氯化物贮备液，用水稀释定容至 100 mL 容量瓶，混匀，临用现配。

10. 硫酸吸收液，$c(H_2SO_4)$=0.05 mol/L：移取 2.7 mL 硫酸，缓慢加入适量水中，冷却后稀释定容至 1 000 mL 容量瓶，混匀。于 4℃以下冷藏，可保存 3 个月。

11. 氢氧化钠溶液，c(NaOH)=0.1 mol/L：称取 4.0 g 氢氧化钠，溶于水中，冷却，定容至 1 000 mL 容量瓶。转入聚乙烯瓶中，于 4℃以下冷藏，可保存 3 个月。

六、样品

（一）吸收瓶准备

用水预先清洗冲击式吸收瓶至洗液电导率小于 1.0 μS/cm，置于洁净的环境中晾干备用。采样前，装入吸收液（水或碱性吸收液）并用连接管密封保存和运输。

（二）样品采集

实训视频：氯化氢的测定——样品采集

1. 无组织排放样品

无组织排放样品布点及采样应符合 HJ/T 55 中的相关规定。采样时，将滤膜置于滤膜夹内，串联两支各装 10 mL 水作为吸收液的 25 mL 冲击式吸收瓶，与空气采样器连接。以 0.5～1.0 L/min 的采样流量，连续 1 h 采样，或在 1 h 内以等时间间隔采集 3～4 个样品计算平均值，如浓度偏低可适当延长采样时间，采样前后流量偏差应≤5%。

2. 固定污染源废气样品

固定污染源废气布点及采样应符合 GB/T 16157 中的相关规定，采样装置如图 4.7-8 所示。串联两支各装 50 mL 吸收液的 75 mL 冲击式吸收瓶，按照气态污染物采集方法，以 0.5～1.0 L/min 的流量，连续 1 h 采样，或在 1 h 内以等时间间隔采集 3～4 个样品，采样前后流量偏差应≤5%。在采样过程中，应保持采样管保温夹套温度为 120℃，以避免水汽于吸收瓶之前凝结。若排气中含有颗粒态氯化物，应在吸收瓶之前接装放入滤膜的滤膜夹。

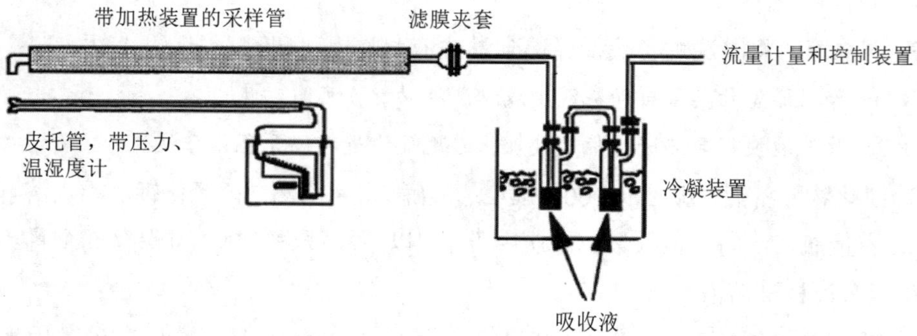

图 4.7-8 固定污染源废气中氯化氢采样示意

注 3：当固定污染源废气中氯化氢浓度高于 100 mg/m³ 时，吸收液浓度可适当增加，但测定时应稀释至与淋洗液浓度相当。

注 4：当固定污染源废气中含有氯气时，串联 4 支吸收瓶，前两支为各装 50 mL 硫酸吸收液的 75 mL 冲击式吸收瓶，后两支为各装 50 mL 碱性吸收液的 75 mL 冲击式吸收瓶，前、后两组吸收瓶分别吸收氯化氢气体和氯气，以避免氯气干扰。

注 5：高浓度 SO_4^{2-}会对色谱柱有干扰，使用后应及时清洗。

注 6：当固定污染源废气中湿度较大，氯化氢吸湿并主要以盐酸雾形式存在时，采样装置如图 4.7-9 所示。此时，布点和采样应符合 GB/T 16157 中有关颗粒物采集的相关规定。在烟尘采样器后连接加热装置（内含分流阀及滤膜夹套），并串联两支各装 50 mL 碱性吸收液的 75 mL 冲击式吸收瓶，按照颗粒物采样方法采集盐酸雾。采样过程保持烟尘采样管及加热装置温度在 120℃，以避免水汽在吸收瓶之前凝结。通过分流阀，将氯化氢气体采样流量控制在 0.5～1.0 L/min，连续 1 h 采样，或在 1 h 内以等时间间隔采集 3～4 个样品。当固定污染源废气中含有氯气干扰时，吸收瓶串联方式按注 4 操作。

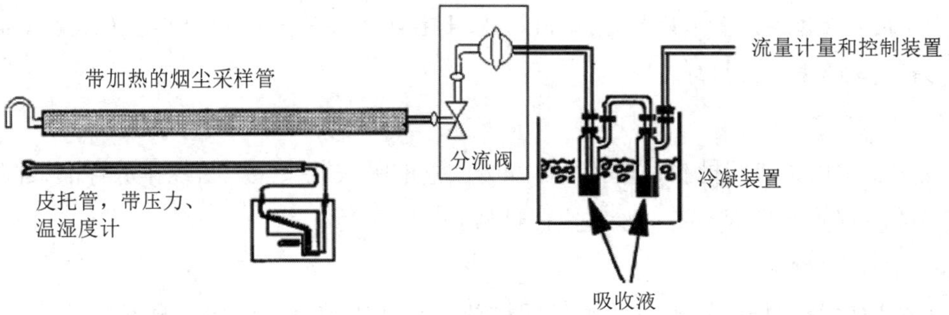

图 4.7-9 固定污染源废气中盐酸雾采样装置示意

3. 全程序空白

每次采集样品应至少带两套全程序空白样品。将同批次装好吸收液的吸收瓶带至采样现场，不与采样器连接，采样结束后带回实验室待测。

4. 干扰和消除

颗粒态氯化物对测定有干扰，采样时可用聚四氟乙烯滤膜或石英滤膜去除其干扰。氯气对测定有干扰，使用酸性吸收液串联碱性吸收液采样，分别吸收氯化氢和氯气可去除其干扰。

（三）样品运输和保存

样品采集后用连接管密封吸收瓶，于 4℃以下冷藏保存，48 h 内完成分析测定。

如不能及时分析，应将样品转移至聚乙烯瓶中，于 4℃以下冷藏，可保存 7 天。

实训视频：氯化氢的测定——实验室分析准备

（四）试样的制备

1. 无组织排放样品

将两支吸收瓶中的样品溶液（无组织排放采集得到的吸收液）分别移入两支 10 mL 具塞比色管中，用少量水洗涤吸收瓶内壁，洗液并入比色管，稀释定容至 10 mL 标线，摇匀。

2. 固定污染源废气样品

将两支 75 mL 冲击式吸收瓶中的样品溶液（固定污染源废气所采集的吸收液）分别转入两支 50 mL 具塞比色管中，用少量水洗涤吸收瓶内壁，洗液并入比色管，稀释定容至 50 mL 标线，摇匀。

注 7：当采集完含有氯气的固定污染源废气后，将前两支冲击式吸收瓶中的酸性吸收液（注 4 所采集的吸收液）分别转入两支 50 mL 具塞比色管中，用少量水洗涤吸收瓶内壁，洗液并入比色管，稀释定容至标线，摇匀。为尽量避免酸性吸收液的干扰，分别移取 10.0 mL 上述具塞比色管中的样品溶液，置于另两支 50 mL 具塞比色管中，并分别加入 5.00 mL 氢氧化钠溶液，用水稀释定容至标线，摇匀。

3. 实验室空白

在实验室内，取同批次、装有同体积吸收液的吸收瓶按照无组织排放样品或固定污染源废气样品相同的步骤制备实验室空白试样。

4. 全程序空白

将全程序空白样品溶液按照无组织排放样品或固定污染源废气样品相同步骤制备全程序空白试样。

（五）试料的制备

用一次性注射器抽取处理后的试样，在注射器前端套上微孔滤膜，轻推试样过柱，弃去初始的 3 mL 试样，收集剩余的洗脱液，待测。

七、分析步骤

实训视频：氯化氢的测定——上机分析

（一）色谱参考条件

根据仪器使用说明书优化测量条件或参数。参考条件：淋洗液为 30 mmol/L 的氢氧化钾溶液，流速为 1.00 mL/min，进样体积为 100 μL。柱温为 30℃±0.5℃。抑制器电流为 75 mA。

（二）标准曲线的绘制

分别移取 0.00 mL、0.50 mL、1.00 mL、5.00 mL、10.00 mL 氯化物标准溶液置于一组 50 mL 容量瓶中，用水定容至标线，摇匀。该标准系列中氯离子浓度（以 Cl^- 计，mg/L）分别为 0.00 mg/L、1.00 mg/L、2.00 mg/L、10.0 mg/L 和 20.0 mg/L。从低浓度到高浓度依次进样，进样体积为 100 μL，得到不同浓度氯离子的色谱图。以氯离子的浓度（以 Cl^- 计，mg/L）为横坐标，峰高或峰面积为纵坐标，绘制标准曲线。含有氯离子的色谱图如图 4.7-10 所示。

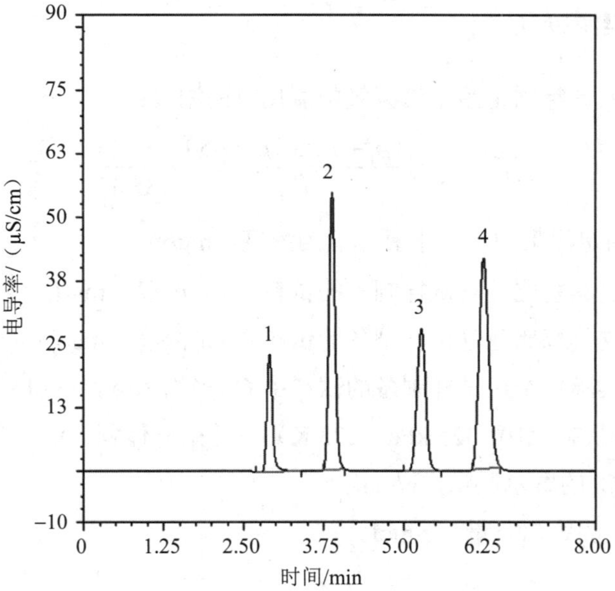

1—氟离子；2—氯离子；3—硫酸根离子；4—硝酸根离子

图 4.7-10　含有氯离子的标准色谱图

（三）试料测定

将试料注入离子色谱仪，按照与绘制标准曲线相同的色谱条件和步骤测定 Cl^-浓度。当样品中 Cl^-浓度超出标准曲线绘制范围时，应用水稀释后重新测定。

八、结果计算与表示

（一）无组织排放废气

按照式（4.7-1）计算环境空气和无组织排放废气中氯化氢的浓度：

$$\rho_{(\text{氯化氢})}=\frac{(\rho_1+\rho_2-2\rho_0)\times 10.0}{V_n}\times\frac{36.45}{35.45} \tag{4.7-1}$$

式中：$\rho_{(\text{氯化氢})}$ —— 无组织排放废气中氯化氢的浓度，mg/m^3；

ρ_1 —— 第一支具塞比色管试样制备的试料中 Cl^-浓度，mg/L；

ρ_2 —— 第二支具塞比色管试样制备的试料中 Cl^-浓度，mg/L；

ρ_0 —— 两支实验室空白试样制备的试料中 Cl^-平均浓度，mg/L；

V_n —— 标准状态（101.325 kPa，273 K）下的采样体积，L；

36.45 —— HCl 的摩尔质量，g/mol；

35.45 —— Cl^-的摩尔质量，g/mol。

（二）固定污染源废气

按照式（4.7-2）计算固定污染源废气中氯化氢的浓度：

$$\rho_{(氯化氢)}=\frac{(\rho_1+\rho_2-2\rho_0)\times 50}{V_{nd}}\times\frac{36.45}{35.45} \tag{4.7-2}$$

式中：$\rho_{(氯化氢)}$ —— 固定污染源废气中氯化氢的浓度，mg/m³；

ρ_1 —— 第一支具塞比色管试样制备的试料中 Cl^-浓度，mg/L；

ρ_2 —— 第二支具塞比色管试样制备的试料中 Cl^-浓度，mg/L；

ρ_0 —— 两支实验室空白试样制备的试料中 Cl^-平均浓度，mg/L；

V_{nd} —— 标准状态（101.325 kPa，273 K）下的采样体积，L；

36.45 —— HCl 的摩尔质量，g/mol；

35.45 —— Cl^-的摩尔质量，g/mol。

（三）结果表示

当无组织排放废气中氯化氢样品浓度大于或等于 0.1 mg/m³ 时，结果保留 3 位有效数字；小于 0.1 mg/m³ 时，结果保留至小数点后 3 位。

当固定污染源废气中氯化氢样品浓度大于或等于 1.0 mg/m³ 时，结果保留 3 位有效数字；小于 1.0 mg/m³ 时，结果保留至小数点后 2 位。

九、质量控制与质量保证

1. 空白实验。每批样品至少测定两个实验室空白和两个全程序空白。实验室空白测定结果应低于方法检出限；全程序空白测定结果应低于测定下限。否则，应查找原因或重新采集样品。

2. 校准曲线。每次开机，须绘制标准曲线，标准曲线的线性相关系数应≥0.999。每测定 10 个样品应至少带一个标准曲线中间浓度校核点，中间浓度校核点测量值与其标准溶液浓度值的相对误差应≤10%。否则，应重新绘制标准曲线。

3. 吸附效率。吸收瓶的吸附效率应≥80%。即第二支吸收瓶所收集的组分应小于第一支吸收瓶的 25%，否则应调整流量或采样时间，重新采样。按照式（4.7-3）计算吸收瓶的吸附效率。

$$K=\frac{\rho_1\times V_1}{\rho_1\times V_1+\rho_2\times V_2} \tag{4.7-3}$$

式中：K —— 吸收瓶的吸附效率，%；

ρ_1 —— 第一支吸收瓶吸收液制备的试料中 Cl^-浓度，mg/L；

ρ_2 —— 第二支吸收瓶吸收液制备的试料中 Cl^-浓度，mg/L；

V_1 —— 第一支吸收瓶吸收液的体积，mL；

V_2 —— 第二支吸收瓶吸收液的体积，mL。

十、注意事项

1. 实验中产生的废液应分类收集和集中保管，按要求安全处理或委托有资质的单位处置。

2. 吸收瓶、连接管及各器皿均应用实验用水反复洗涤并防止被污染，末次洗液的电导率应小于 1.0 μS/cm。操作中应防止自来水、空气微尘及手上氯化物的干扰。

3. 采样器与滤膜夹、滤膜夹与吸收瓶、吸收瓶之间的连接管均应尽可能短，并检查系统的气密性和可靠性。

4. 每次分析样品结束后，应用淋洗液清洗仪器管路。实验结束后用实验用水清洗仪器泵及抑制器，以免其受到淋洗液腐蚀。

5. 若仪器分析精度下降，应检查柱效及抑制器工作状态，必要时进行更换，以确保分析数据的准确性。

项目五　道路移动污染源排气监测

思政导读：《汽油车污染物排放限值及测量方法（双怠速法及简易工况法）》（GB 18285—2018）已于2019年5月1日起实施。目前，虽各省（区、市）均采用稳态工况法或瞬态工况法定期检验汽油车的尾气排放，但在开展道路与车辆停放地排气抽检时，以及不适用工况法检测的车辆仍需采用双怠速法检测。由于检测人员操作不当等因素，双怠速法检测事故时有发生。实训一模拟机动车尾气道路抽检（双怠速法），学习双怠速法检验的操作要点及规范化要求，一方面关注检测质量，另一方面宣贯检测安全要求，目的在于强调精准测源的同时，在教学中提升学生安全操作意识，以减少或消除检测事故的发生。

GB 18285—2018 规定原则上各省（区、市）根据管理需要可以选用稳态工况法或简易瞬态工况法之一检验汽油车尾气排放，目前全国有上海、河南、河北、辽宁、浙江、福建、山东、四川、江西9个省市和广州、武汉、曲靖等地采用简易瞬态工况法检验轻型汽油车的尾气排放。对在用车实施排气定期检验，在一定程度上有效遏制了机动车排气污染。根据《"十四五"生态环境监测规划》要求，坚持精准、科学、依法治污方针，以监测先行、监测灵敏、监测准确为导向，以更高标准保证监测数据"真、准、全、快、新"为根基，以健全科学独立权威高效的生态环境监测体系为主线，巩固环境质量监测、强化污染源监测、拓展生态质量监测。实训二通过讲解简易瞬态工况法的操作要点及规范化要求，在获得真实、准确的排放检测结果的前提下，着重提升学生的环保责任心。

汽车尾气排放是导致我国灰霾天气增多的主要原因之一，也是当前大气的主要污染源。稳态工况法因设备成本较低、操作相对简单等特点受到大多数省（区、市）支持，目前全国有22个省（区、市）采用稳态工况法检验汽油车尾气排放。党的二十大报告指出，"要推进美丽中国建设，坚持山水林田湖草沙一体化保护和系统治理，统筹产业结构调整、污染治理、生态保护、应对气候变化，协同推进降碳、减污、扩绿、增长，推进生态优先、节约集约、绿色低碳发展"。实训三通过讲解普遍应用的稳态工况法，识别高排放污染车辆，对于实现"双碳"目标具有实际意义。

实训一　机动车尾气道路抽检（双怠速法）

标准文本：《汽油车污染物排放限值及测量方法（双怠速法及简易工况法）》（GB 18285—2018）

标准文本：《机动车排放定期检验规范》（HJ 1237—2021）

双怠速法检测报告（案例）

一、实训目的

1. 认识机动车尾气道路抽检（双怠速法）常用的仪器设备。
2. 规范掌握机动车尾气道路抽检（双怠速法）测试流程。

二、实训任务与要求

1. 做好实训预习工作，完成技能考核与评价表相关内容。
2. 根据实训任务，配合实训指导教师完成测试车辆外观检验、车载自动诊断系统（OBD）检查。
3. 分小组规范完成设备日常检查（开检前任务）、机动车尾气排气检测任务。
4. 规范记录和处理实训数据，完成技能考核习题。

三、实训方法

参考《汽油车污染物排放限值及测量方法（双怠速法及简易工况法）》（GB 18285—2018）和《机动车排放定期检验规范》（HJ 1237—2021），本实训采用双怠速法对测试车辆的怠速工况和高怠速工况下的尾气排放情况进行检验，怠速工况指发动机处于无负载自由运转状态，即离合器处于接合位置、变速器处于空挡位置（对于自动变速箱的车应处于“停车”或“P”挡位）；阻风门应处于全开位置；油门踏板处于完全松开位置。高怠速工况指满足上述（除最后一项）条件，用油门踏板将发动机转速控制在50%额定转速或制造厂技术文件中规定的高怠速转速时的工况。

排气分析仪通过对机动车排放尾气进行采样，经过采样泵将机动车尾气传输至气体处理系统和检测器进行分析，测定汽车排气污染物CO、CO_2、HC和O_2 4种成分的体积分数，并计算过量空气系数（λ）值。其中，CO、CO_2、HC的测量采用不分光红外线法（NDIR），O_2采用电化学电池法。

四、仪器设备和材料

1. 排气分析仪（如图 5.1-1）：包括取样探头（取样管长度含管路过滤器件和探头，应小于 7.5 m）、取样软管、采样泵、水分离器、过滤器、零气端口和检查端口、探测元件、零气端口和检查端口、数据系统和显示器件、控制调整装置。排气分析仪指示分辨力、允许示值误差符合 GB 18285—2018 要求（如表 5.1-1）。

图 5.1-1 排气分析仪（以 FLA-512 为例）

表 5.1-1 排气分析仪（以 FLA-512 为例）指示分辨力情况

组分	测量范围	分辨力要求（体积分数）	允许示值误差要求（体积分数）	
			绝对误差	相对误差
CO	0～10.000%	0.01%	±0.02%	±3%
CO_2	0～16.00%	0.1%	±0.3%	±3%
HC	0～2 000×10^{-6}	1×10^{-6}	±4×10^{-6}	±3%
O_2	0～25.00%	0.02%	±0.1%	±5%

注：排放分析仪器显示的数字高度＞5 mm。

2. 测试车辆：确保车辆无故障，确保车辆安全性能能完成排气检测；确保排气系统没有泄漏；关闭空调、暖气、音响等以发动机为动力的所有辅助装置；车辆处于正常工作热状态。

3. 标准气体：标准气体用钢瓶装标准气，或通过动态混合进行制备。标准气体浓度如下：

零标准气体：O_2=20.8%，HC＜1×10^{-6}THC，CO＜1×10^{-6}，CO_2＜2×10^{-6}，其余为 N_2。

低浓度标准气体：C_3H_8=50×10^{-6}，CO=0.5%，CO_2=12.0%，其余为 N_2。

高浓度标准气体：C_3H_8=200×10^{-6}，CO=2.0%，CO_2=16.0%，其余为 N_2。

4. 试验燃料：使用符合规定的市售燃料，如车用汽油、车用天然气、车用液化石油气等。试验时使用车辆中的燃料直接进行排放测试，不需要更换燃料。

五、测试车辆外观检验

（一）外观检验内容

外观检验包括污染物控制装置状态检查、车辆状态检查和工况法适用性检查。测试车辆外观检查主要内容包括：

1. 检查被检车辆的车况是否正常。如有异常，应要求车主进行维修。

2. 检查车辆是否存在烧机油或者严重冒黑烟现象，如有，应要求车主进行维修。

3. 检查燃油蒸发控制系统连接管路的连接是否正确、完整。如果发现有老化、龟裂、破损或堵塞现象，应要求车主进行维修，对单一燃料的燃气汽车不需要进行此项检验。

4. 检查发动机排气管、排气消声器和排气后处理装置的外观及安装紧固部位是否完好，如发现有腐蚀、漏气、破损或松动现象，应要求车主进行维修。

5. 检查车辆是否配置有 OBD 系统。

6. 检查 ECU（找 OBD 接口）、增压器、EGR（废气再循环）、曲轴箱通风装置（PCV 阀）、碳罐（蒸发排放控制）、GPF（颗粒捕捉器）、三元净化器、氧传感器等控制装置。

（二）外观检验流程

检验流程可分为以下 3 个环节，检查结果填写在车辆外观检验记录表内（如表 5.1-2）。

1. 目视检查车辆 OBD 接口和 MIL 灯（发动机形状的机头灯），判断车辆是否配备 OBD 系统。

2. 检查车辆污染物控制装置是否齐全、是否存在污染物控制装置失效或作弊装置，对污染物控制装置应拍照或录制视频记录。

3. 车辆状态检查与工况法适用性检查流程按照下述内容进行：

（1）检查车辆机械状况是否良好，车辆仪表工作是否正常，车辆进排气系统有无泄漏，油箱有无异常，并关闭车辆空调等其他附属系统；

（2）检查燃油蒸发控制装置（单一燃料燃气汽车除外）、曲轴箱通风系统有无异常；

（3）检查车辆是否适用工况法进行排气污染物检测，对不适用工况法检测的车辆，检测人员应记录原因；

（4）对适用工况法检测的车辆，应检查车辆轮胎气压是否正常、胎面间有无夹杂异物，并关闭影响车辆检测的相关牵引力控制及制动辅助系统；

（5）在外观检验过程中，如果发现存在非否决项目不合格，车主可现场自行调整，经调整满足检验要求后，可继续检验。

表 5.1-2　车辆外观检验记录表

1. 车主信息			
车主姓名/单位		联系电话	
2. 车辆基本信息			
车辆生产企业		品牌	
车辆型号		车辆识别代号（VIN）	
最大设计总质量（kg）		基准质量（kg）	
驱动方式	□前驱 □后驱 □四驱	变速器型式	
车辆出厂日期		累计行驶里程（km）	
车辆使用性质		OBD 系统	□有　□无
车牌号（如适用）		排放阶段	
初次登记日期		独立工作排气管数量	
3. 发动机信息			
发动机型号		发动机号	
发动机额定功率（kW）		发动机排量（L）	
发动机额定转速（r/min）		气缸数（个）	
燃料供给系统型式		燃料种类	
进气方式			
4. 混合动力装置信息（仅限混合动力电动汽车）			
电机型号		能量储存装置型号	
电池（或电容）容量			
5. 污染物控制装置查验（仅限注册登记检验）			
车辆是否按照要求完成环保信息公开，环保随车清单与信息公开内容是否一致			□ 是　□ 否
汽油车（燃气车）	控制装置名称	环保公开信息	查验结果
	ECU 型号		
	催化转化器型号		
	颗粒捕集器型号		
	碳罐型号		
	氧传感器型号		
	EGR 型号（如适用）		
	增压器型号（如适用）		
检查结果：污染物控制装置与信息公开内容一致			□ 是　□ 否

6. 车况检查

检查内容	记录√/×	检查内容	记录√/×
发动机燃油系统采用电控泵（注册登记柴油车否决项）		车辆无明显烧机油或者严重冒黑烟现象（否决项）	
污染物控制装置齐全、正常（否决项）		车上仪表工作正常	
车辆机械状况良好		车辆进排气系统无任何泄漏	
无可能影响安全或引起测试偏差机械故障		已关闭车上空调、暖风等附属设备	

轮胎气压正常、胎面干燥、清洁		已中断车辆上可能影响测试正常的功能［如牵引力控制系统（ASR）、电动助力转向系统（EPS）、电子稳定系统（EPC）等］	
车辆油箱和燃油正常			
曲轴箱通风系统工作正常（汽油车否决项）		燃油蒸发控制装置正常（汽油车否决项）	

检测方法：☐ 简易瞬态工况法 ☐ 稳态工况法 ☐ 双怠速法

如不适合工况法，请描述详细原因：________________________________

外观检验结果判定：☐ 合格 ☐ 不合格	检验人员签字：	检验日期：

注 1：污染物控制装置检查时，如没有该项装置填写“无”；如有该装置，但不在可视范围内，应填写“信息不可见”，信息不可见也视为污染物控制装置检查合格。

注 2：表中汽油车也适用于其他装用点燃式发动机汽车，柴油车也适用于其他压燃式发动机汽车。

注 3：在不适用的检查项目栏中填写“/”。

注 4：应根据车辆合格证、铭牌、环保信息随车清单等如实准确填写车辆信息，并确认车辆身份。

六、测试车辆 OBD 检查

（一）OBD 检查内容

OBD 检查内容包括：OBD 接口检查；OBD 故障指示器目视检查；OBD 诊断仪通信检查；OBD 诊断仪中的故障指示器激活状态与仪表盘上显示的 MIL 灯状态一致性检查；OBD 就绪状态检查。

（二）OBD 检查流程

1. 通过 OBD 诊断仪接口连接 OBD 诊断仪，OBD 诊断仪应直接连接车辆 OBD 原接口。

2. 车辆上电，不启动发动机，车辆仪表电路自诊断，检查仪表盘 MIL 灯工作是否正常。

3. 启动发动机，检查 MIL 灯是否持续点亮或闪烁。

4. 打开 OBD 诊断仪开关，进行 OBD 通信检查，如不能正常通信，应按照“（三）OBD 通信检查程序”进行。

5. 检查 OBD 诊断仪中的故障指示器激活状态与仪表板上的 MIL 灯状态是否一致，故障指示器是否被激活。

6. 检查 OBD 诊断仪中的故障指示器激活状态。如果故障指示器状态被激活，应记录上报对应的确认故障码。

7. 国六排放阶段车型，应检查车辆是否存在排放相关永久故障码。

8. 检查OBD诊断仪中标准规定项目诊断就绪状态。

9. 将OBD诊断仪读取到的OBD检查数据项自动发送到主控计算机，进行数据上传，OBD检查结束。

（三）OBD通信检查程序

1. 经两次尝试OBD通信均未成功，应检查所使用的OBD诊断仪是否存在故障。

2. 确认OBD诊断仪无故障后，通过查询OBD检查记录，检查该车辆或者同车型其他车辆，有无OBD通信合格记录。

3. 如果检查记录中，该车辆或同型号其他车辆均未有通信检查合格记录，则判定该车OBD检查合格，记录该车OBD通信检查不合格。

4. 如果检查记录中，该车辆或同型号其他车辆有通信检查合格记录，则判定该车OBD检查不合格，并记录为OBD通信检查不合格，要求车主维修后复检。

5. 如果同一车型OBD通信检查记录（至少5台）均为不合格，应记录下来。

6. OBD检查过程中，如果发现以下异常情况，应记录下来，OBD检查结果仍按合格处理：

（1）必须使用工具拆卸，才能连接OBD接口的；

（2）连接OBD诊断仪后，通信不稳定或死机的；

（3）OBD信息读取不成功或车辆适用OBD读取保护功能等。

七、检测设备日常检查

对于双怠速法，设备日常检查即为排气分析仪设备开机和预热（15 min）后，车辆开检前的准备工作，主要包括以下工作任务。

（一）分析仪密封性（泄漏）检查

分析仪密封性检查流程：

1. 用取样探头密封帽（或等效方法）密封取样探头，双取样探头应将两个探头同时密封。

2. 打开取样管路上的开关（快捷插头需插上取样管）。

3. 操作设备软件进行密封性检查，合格则结束，不合格应查找原因和维护至正常后再次进行密封性检查。

注：只有密封性检查合格（必要条件）才允许分析仪进行排气检测；采用关闭取样管路上开关、取样管路不插入快接头或弯折取样管方法进行密封性检查属违规和作弊行为。

（二）分析仪单点检查

单点检查步骤如下：

1. 低浓度标准气体检查（含氧检查），分析仪自动检查输出读数，并确定该读数是否满足表 5.1-1 中的精度要求。如检查合格则结束，否则继续进行下述检查。

2. 通入零气调零。

3. 然后通入高浓度标准气体进行标定，设备同时进行传感器响应时间检查，响应时间不合格应重新标定。

4. 最后，再通入低浓度标准气体检查。

注：单点检查连续 3 次不通过需进行分析仪维护维修和线性校准后五点检查。

八、车辆尾气排气检测

双怠速法测量程序参见图 5.1-2。

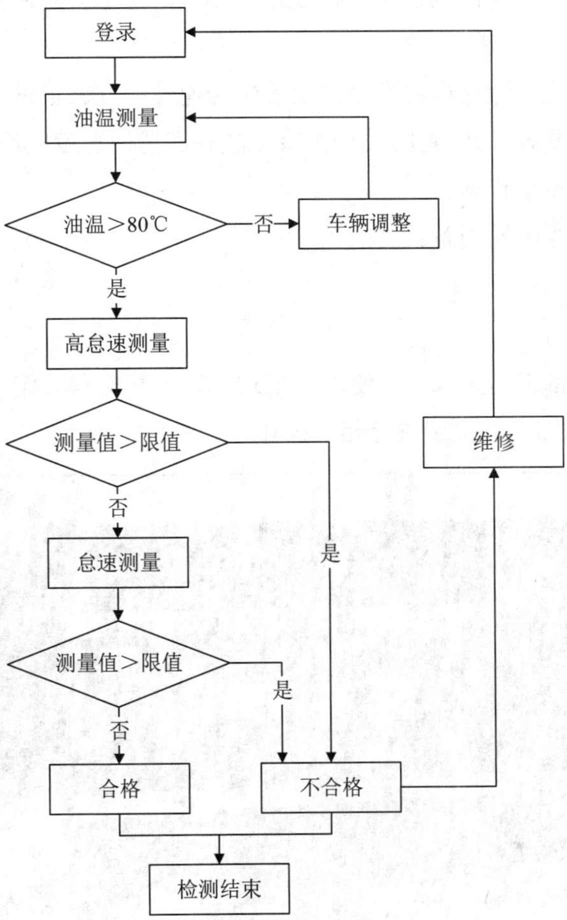

图 5.1-2　双怠速法测量程序

（一）检测前准备

1. 车辆参数录入检查

对测试车辆进行排气检测前，应检查车辆参数是否合理（可对照表 5.1-2 车辆外观检验记录表），重点应检查如下参数：车牌信息、车型信息；生产日期或注册登记日期；燃料信息（汽油、柴油、燃气、混电、纯电等）；最大总质量、整备质量、载货质量、载人数等；额定功率、额定转速；驱动方式（前驱、后驱、适时四轮驱动、全时四轮驱动等）。确保全部参数应尽可能准确、重要参数一定要准确、无法获取重要参数至少应合理。

2. 分析仪 HC 残留检查

将取样探头放在没有汽车尾气污染的空气中进行 HC 残留检查，测试结束，仪器显示合格或不合格信息（$HC \geqslant 20 \times 10^{-6}$ 则不合格，$HC < 20 \times 10^{-6}$ 则合格）。若重复测试仍不合格，清洗气路后，再重新进行 HC 残留检查。

3. 测试车辆准备

检测驾驶员把相应车辆停放在尾气排放检验工位，开至检测仪器前，挂空挡，采取驻车制动。

检测驾驶员协助检测操作员在发动机上安装转速计、点火正时仪、冷却液和润滑油测温计等测量仪器（必要时）；测量时发动机冷却液和润滑油温度应不低于 80℃或者达到汽车使用说明书规定的热车状态。

关闭空调、暖风等附属装备。

（二）检测程序

仪器与车辆的准备工作完成后，便可以正式开始排气检测工作。检测驾驶员可通过司机助显示屏（如图 5.1-3）的提示进行相应操作。

图 5.1-3　司机助显示屏提示图

1. 70%额定转速

启动被测车辆，使车辆处于稳定怠速状况，控制车辆油门使车辆自怠速状况加速至70%额定转速或企业规定的暖机转速，运转 30 s 后降至高怠速状态。在此过程中，当发动机转速控制在 60%～80%时，将停止倒计时，并提醒检测驾驶员提高发动机转速。

2. 高怠速工况

当 70%额定工况结束后，司机助显示屏提示降至高怠速（50%额定转速）。此时将排气分析仪取样探头插入排气管中，深度不小于 400 mm，并固定在排气管上（双排气管车辆使用 Y 形取样探头）。司机助显示屏显示当前实时转速，发动机稳定高怠速转速倒计时共 15 s。维持 15 s 后，由具有平均值计算功能的排放测试仪读取 30 s 内的平均值，该值即为高怠速污染物测量结果。

3. 怠速工况

当发动机从高怠速降至怠速状态 15 s 后，由具有平均值计算功能的排气分析仪读取 30 s 内的平均值，该值即为怠速污染物测量结果。

4. 检测结束

怠速工况检验结束后，司机助显示屏分别显示高怠速工况、怠速工况的检测结果，双怠速法测试结果计算原理及过程详见 GB 18285—2018。

（三）结果判定

按上述方法进行检测，车辆检测结果应小于表 5.1-3 中规定的排放限值和 λ 值要求。

表 5.1-3　双怠速法检验排气污染物排放限值（GB 18285—2018）

类别	类别			
	怠速		高怠速	
	CO/%	HC[1)]/10^{-6}	CO/%	HC[1)]/10^{-6}
限值 a[2)]	0.6	80	0.3	50
限值 b	0.4	40	0.3	30

注：1）对以天然气为燃料点燃式发动机汽车，该项目为推荐性要求；

2）目前全国均执行限值 a。

发动机在高总速转速工况时，λ 应在 1.00±0.05，或者在制造厂规定的范围内。

九、质量控制

双怠速法排气测试过程的主要质控节点为测试前的设备自检、70%额定转速预备工况运行控制、尾气采样控制、高怠速运行控制、低怠速运行控制、过程参数监控等过程。

十、注意事项

1. 检测前，不要让被测车辆长时间处于怠速运行状态，也不要使用怠速方法对车辆进行预热。

2. 若车辆排气系统设计导致的车辆排气管插深长度小于测量深度 400 mm 时，应使用排气延长管。

3. 在测试过程中，如果任何时刻 CO 与 CO_2 的浓度之和小于 6.0%，或者发动机熄火，应终止测试，排放测量结果无效，须重新进行测试。

4. 对多排气管车辆，应取各排气管测量结果的算术平均值作为测量结果。

5. 如果检测污染物有一项超过规定的限值，则认为排放不合格。

6. 排气检测时应观察车辆仪表盘上的发动机转速，确保仪表盘上的发动机转速值不超过 5 000 r/min，以防止发动机转速过高导致车辆发动机烧坏。

实训二　机动车排气定期检验（简易瞬态工况法）

标准文本：《汽油车污染物排放限值及测量方法（双怠速法及简易工况法）》（GB 18285—2018）

标准文本：《机动车排放定期检验规范》（HJ 1237—2021）

标准文本：《汽油车简易瞬态工况法排气污染物测量设备技术要求》（HJ/T 290—2006）

简易瞬态工况法检测报告（案例）

一、实训目的

1. 认识机动车排气定期检验（简易瞬态工况法）常用的仪器设备。
2. 规范掌握机动车排气定期检验（简易瞬态工况法）测试流程。

二、实训任务与要求

1. 做好实训预习工作，完成技能考核与评价表相关内容。
2. 根据实训任务，配合实训指导教师完成测试车辆外观检验、OBD 检查。
3. 分小组规范完成设备日常检查、机动车尾气排气检测任务。
4. 规范记录和处理实训数据，完成技能考核习题。

三、实训方法

参考《汽油车污染物排放限值及测量方法（双怠速法及简易工况法）》（GB 18285—2018）和《机动车排放定期检验规范》（HJ 1237—2021），本实训采用简易瞬态工况法（以下简称 VMAS）对机动车尾气进行排气检测。被测车辆驱动轮驱动底盘测功机滚筒按规定的测试循环运行，底盘测功机给滚筒或被测车辆驱动轮实施加载，五气分析仪对车辆排出的尾气进行实时采样与分析，流量分析仪实时测算出被测车辆的尾气流量，工控软件则实时计算尾气的排放量并使用环境参数对测量结果进行修正，最终得出被测车辆的排放总量。

四、仪器设备和材料

（一）试验车辆

1. 确保车辆无故障，确保车辆安全性能能完成排气检测。
2. 确保排气系统没有泄漏；关闭空调、暖气、音响等以发动机为动力的所有辅助装置。
3. 车辆处于正常工作热状态。
4. 空载（除司机外，不允许载货载人）。
5. 关闭各种辅助控制功能（防侧滑、防抱死、电子稳速装置、牵引力控制或自动控制系统等）。
6. 对于非全时四轮驱动车辆，还应关闭一组驱动轮的驱动。

（二）试验燃料

使用符合规定的市售燃料，如车用汽油、车用天然气、车用液化石油气等。试验时使用车辆中的燃料直接进行排放测试，不需要更换燃料。

（三）仪器设备

简易瞬态工况污染物排放测试设备包括能模拟加速惯量和等速负荷的底盘测功机、五气分析仪和气体流量分析仪组成的取样分析系统、流量测量系统、发动机转速计、OBD 诊断仪、冷却装置、气象站和自动控制系统。检测设备应符合国家相关标准和计量检定规程的规定。仪器设备主要包括：

1. 工控电脑

由主控柜、工控计算机、打印机、电气控制系统、计算机软件系统组成。用于 VMAS 测量过程的控制、数据测量处理与评价。

2. 底盘测功机

测功机结构应适用于最大总质量≤3 500 kg 的 M 类和 N 类车辆。测功机应能根据所测试的车辆参数自动选择加载功率并进行惯量模拟。测功机应有永久性固定标牌，并包括以下内容：测功机制造厂名、系统供应商名、生产日期、型号、序列号、测功机种类、最大允许轴重、滚筒直径、滚筒宽度、基础转动惯量和用电要求。

3. 排气取样系统

取样系统（如图 5.2-1）主要由取样管、取样探头、颗粒物过滤器和水分离器组成：

（1）取样管长度推荐为小于 7 500 mm。

（2）取样探头的长度应保证能插入受检车辆排气管中至少 400 mm，如因车辆排气系统自身设计导致插入排气管深度低于 400 mm，应使用排气延长管。取样管与取样探头以及分析仪取样系统的连接应采用螺纹固定方式。

（3）颗粒物过滤器对 5 μm 及以上的颗粒物和悬浮颗粒物的滤清效果应不低于 97%，过滤元件应不吸收也不吸附排气中的 HC 污染物。

（4）水分离器的容积应足够大，能够连续去除排气样气中的冷凝水，保证取样系统无水冷凝现象。

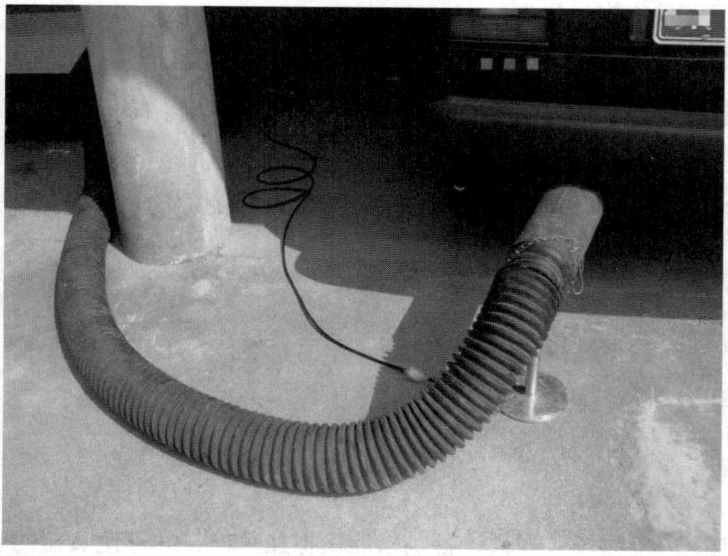

图 5.2-1 排气取样系统

4. 排气分析仪

排气分析仪用于测量 HC、CO、CO_2、NO、NO_2 和 O_2 6 种气体的浓度（如图 5.2-2）。

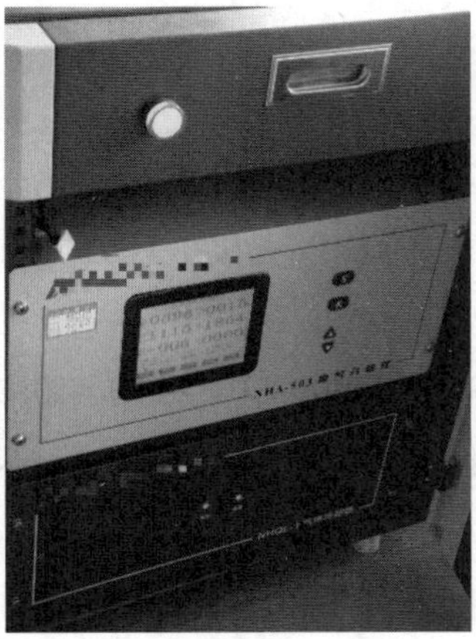

图 5.2-2　排气分析仪

图 5.2-3　气体流量分析仪

5. 气体流量分析仪

气体流量分析仪器（如图 5.2-3）由氧传感器、流量计和鼓风机等组成。

6. 气象站

气象站设备实时记录被测车辆的测试环境温度、湿度和压力，用于排气测量结果的修正。

7. 司机助显示器

司机助显示器（如图 5.2-4）用于引导车辆驾驶员按法规流程操作被测车辆。显示内容主要包括标准规定测试工况时间（秒数）、驾驶实际速度和超差时间、发动机转速、使用制动情况、必要的提示和警告信息，以及试验和设备状况及其他所需信息。

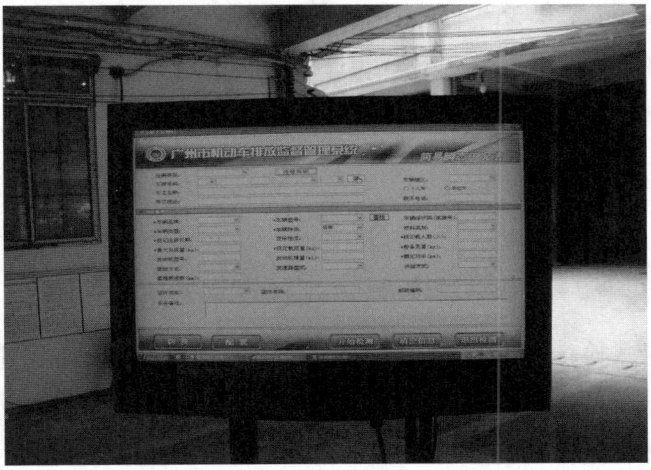

图 5.2-4　司机助显示器

8. 冷却装置

冷却装置主要用来模拟车辆发动机在实际路面所受的迎面冷却风力。

（四）标准气体

标准气体用钢瓶装标准气，或通过动态混合进行制备。标准气体浓度如下：

零标准气体：O_2=20.8%，HC＜1×10^{-6}THC，CO＜1×10^{-6}，CO_2＜2×10^{-6}，NO＜1×10^{-6}，NO_2＜1×10^{-6}。

低浓度标准气体：C_3H_8=50×10^{-6}，CO=0.5%，CO_2=12.0%，NO=300×10^{-6}，NO_2=50×10^{-6}。

高浓度标准气体：C_3H_8=500×10^{-6}，CO=5.0%，CO_2=16.0%，NO=$2\,000\times10^{-6}$，NO_2=200×10^{-6}。

五、测试车辆外观检验、OBD 检查

同“实训一　机动车尾气道路抽检（双怠速法）”，此处不再赘述。

六、检测设备日常检查

对于简易瞬态工况法，设备日常检查包括排气分析仪的泄漏检查、单点检查（低标气）等，以及底盘测功机的滑行测试。其中排气分析仪的泄漏检查、单点检查（低标气）的操作方式同“实训一　机动车尾气道路抽检（双怠速法）”，此处不再赘述。以下主要介绍底盘测功机滑行测试过程：

底盘测功机应每天进行一次滑行测试检查。底盘测功机的所有转动部件都应包括在滑行测试中。

滑行测试不能采用由车辆带动底盘测功机运转的方法。在 6.0～13.0 kW 随机选择一个功率，包括 50～30 km/h 和 35～15 km/h 的滑行测试速度段，实际滑行时间相对理论滑行时间的相对误差绝对值应不超过 7%。若不合格，则测功机不能用于后续的排放测试，必须锁止直到通过滑行测试为止。

七、车辆尾气排气检测

（一）检测前准备

1. 车辆参数录入检查［同“实训一　机动车尾气道路抽检（双怠速法）”］。
2. 排气分析仪准备［同“实训一　机动车尾气道路抽检（双怠速法）”］。
3. 测试车辆准备流程如下：

（1）将底盘测功机的举升板升起来，然后将车辆居中对正滚筒驶上底盘测功机，将驱动轮置于滚筒上；

（2）放下底盘测功机举升板，车辆低速运转使车轮与滚筒良好吻合；

（3）安装好底盘测功机的左右摇摆限位装置，限位装置与车辆驱动轮间有一定间隙（距

离），也不应离车辆过远，以保证车辆左右摇摆幅度较大时限位装置对其有阻碍作用；

（4）将车轮挡（塞块）塞在车辆非驱动轮前行方向；

（5）前驱车辆还应拉上手刹。

4. 取样装置安装：五气分析仪的采样探头插入被测车辆的排气管，保证插深 400 mm，并将气体流量分析仪的集气管喇叭口正对车辆的排气口，保证气体流量分析仪能收集车辆排气管排出的全部尾气（若为双排气管车辆，则使用 Y 形取样探头和 Y 形集气管）。同时安装好发动机转速计（应保证转速计测量结果准确，有 OBD 时应尽量自 OBD 取转速）。

（二）启动检测

1. 调用检测车辆，启动软件检测功能。

2. 分析仪零点校正。

系指排气分析仪 HC、CO、CO_2、NO_x 零点校正和 O_2 传感器量距点校正，排气分析仪的零点校正应使用符合 GB 18285—2018 的零点标准气体［见上文“（四）标准气体”］或零点标准气体发生器。

3. 分析仪环境空气测定。

环境空气测定将经过颗粒物过滤器过滤的环境空气从取样泵之前，取样探头、取样管、气/水分离器之后的部位送入分析仪，由分析仪测量并记录 HC、CO、CO_2、NO_x 和 O_2 5 种气体的浓度，但不进行校正。

4. 分析仪背景空气浓度取样。

从取样探头抽取环境空气，由分析仪测量并记录 HC、CO、CO_2、NO、NO_2 和 O_2 6 种气体的浓度，用于确定背景空气的污染物水平和 HC 残留量。如果背景空气中下列 3 种污染物中任何一种的浓度绝对值超出规定值，即 HC=15×10^{-6}、CO=0.02%、NO_x=5×10^{-6}，或者取样系统内的 HC 残留浓度超过 7×10^{-6}，或为负值时，系统应自动锁止，不允许进行排放测试，需要对分析仪重新进行检查，直至上述条件均得到满足。

5. 流量分析仪的平均流量检查。

GB 18285—2018 未规定流量计平均流量误差检查方法，根据《汽油车简易瞬态工况法排气污染物测量设备技术要求》（HJ/T 290—2006）的规定，日常检查中气体流量分析仪的流量计不带集气管时，20 s 读数平均值与流量名义值的相对误差应不超过±10.0%。

（三）检测程序

车辆操作人员按司机助显示器的提示操控车辆，将车速控制在司机助显示器上显示的预设工况法曲线的速度允差范围内，直至检测工作结束。整个测试循环的有效测量时间为 195 s，测试平均车速为 19 km/h，理论行驶距离为 1.013 km。简易瞬态工况法测试循环工况分解情况如表 5.2-1 所示，具体测试程序如下。

表 5.2-1 简易瞬态工况法测试循环工况分解

<table>
<tr><th>工况</th><th>时间/s</th><th colspan="2">占比/%</th></tr>
<tr><td>怠速</td><td>60</td><td>30.8</td><td rowspan="2">35.4</td></tr>
<tr><td>怠速、车辆减速、离合器脱开</td><td>9</td><td>4.6</td></tr>
<tr><td>换挡</td><td>8</td><td colspan="2">4.1</td></tr>
<tr><td>加速</td><td>36</td><td colspan="2">18.5</td></tr>
<tr><td>等速</td><td>57</td><td colspan="2">29.2</td></tr>
<tr><td>减速</td><td>25</td><td colspan="2">12.8</td></tr>
<tr><td>合计</td><td>195</td><td colspan="2">100</td></tr>
</table>

1. 启动发动机。

启动汽车发动机，发动机保持怠速运转 40 s。在 40 s 结束时开始测试循环，并同时开始排气取样。在测试期间，驾驶检测员应根据司机助显示器上显示的速度-时间曲线轨迹规定的速度和换挡时机驾驶车辆，前驱车辆试验期间严格禁止转动方向盘。

2. 怠速。

手动或半自动变速器：怠速期间，离合器接合，变速器置空挡。为能够按循环正常加速，在循环的每个怠速后期，加速开始前 5 s，驾驶检测员应松开离合器，变速器置一挡。

自动变速器：在测试开始时，放好挡位选择器后，在匀速测试期间的任何时候，都不得再操作挡位选择器，但如果发生“3. 加速”中的情况，则可以操作挡位变速器，必要时可以使用超速挡。

3. 加速。

进行加速时，在整个工况过程中，应尽可能地使加速度恒定。若加速度未能在规定时间内完成，超出的时间应从工况改变的复合公差允许的时间中扣除，否则应从下一等速工况的时间内扣除。

手动变速器：若加速不能在规定时间内完成，则应按照手动变速器的要求，操作挡位选择器。

4. 减速。

在所有减速工况时间内，应使加速踏板完全松开，离合器接合，当车速降至 10 km/h 左右时，松开离合器，但不得进行换挡操作。

如果减速时间比相应工况规定的时间长，允许使用车辆的制动器，以便使循环按照规定的时间进行。

如果减速时间比相应工况规定的时间短，则应在下一个等速或怠速工况时间，恢复至理论循环规定的时间。

5. 等速。

从加速过渡到下一等速工况时，应避免猛踩加速踏板或关闭节气门操作。通过保持加速踏板位置不变的方法实现等速驾驶。

6. 检测过程中如果出现车速偏差连续 2 s 超过±3 km/h、流量计流量连续 5 s 低于 2.0 m^3/min、CO_2 浓度高于 16.0%、O_2 浓度低于 −0.1%、CO 浓度低于 −0.6%、HC 浓度低于 -13×10^{-6} 等情况，应中断排气检测过程。

7. 如果实际行驶距离与理论距离的误差大于 0.2 km，CO_2 排放值大于 30 g/km，以及环境 O_2 浓度不大于稀释 O_2 浓度，则检测结果无效。

（四）检测结束

循环终了时（车辆停止在转鼓上），变速器置于空挡，离合器接合，排气分析系统停止取样。检测工作结束后，将底盘测功机的举升板升起，拆除固定车辆的安全装置和车轮挡，将受检车辆开出底盘测功机，停放至指定位置。记录 CO、HC 和 NO_x 的比排放量（g/km）等检查结果，出具检测报告。简易瞬态工况法测试结果计算原理及过程详见 GB 18285—2018。

（五）结果判定

按上述方法进行排气检测，其检测结果应小于表 5.2-2 规定的排放限值。

表 5.2-2　简易瞬态工况法排气污染物排放限值（GB 18285—2018）　单位：g/km

类别	CO	HC [1)]	NO_x
限值 a [2)]	8.0	1.6	1.3
限值 b	5.0	1.0	0.7

注：1）对于装用以天然气为燃料的点燃式发动机汽车，该项目为推荐性要求；
2）目前全国均执行限值 a。

八、质量控制

简易瞬态工况法排气检测过程的质量控制主要包括测试前的设备自检、测试前的 40 s 怠速预运行、尾气采样控制、操车控制和过程参数监控等几个方面。

九、注意事项

简易瞬态工况法排气检测时应特别注意如下几个问题：

1. 对于非全时四轮驱动车辆，检测前一定要确保已有效关闭了一组驱动轮，一定要确保是将未关闭的驱动轮放置在滚筒上，否则检测时就可能出现车辆冲出滚筒情况，造成意想不到的安全事故。

2. 双排气管车辆应使用 Y 形采样探头和 Y 形集气管同时对两个排气管进行同步采样。

3. 对于安装有防抱死装置（ABS）、防侧滑装置（ESC）或电子稳定程序（ESP）、牵引力控制系统（ASR）等主动型制动功能和扭矩控制功能车辆，如果能手动解除相关装置的控制功能，必须采用简易瞬态工况法排气检测，不能因车辆故障和自身技术能力限制随意改用双怠速法进行排气检测。

4. 简易工况法排气检测时的惯量模拟与被测车辆基准质量有关，因此，检测时，应保证车辆处于空载状态，除驾驶员外，被测车辆不允许搭乘任何人与装载货物，否则会因人或货物增加被测车辆的实际测量质量，也增加了被测车辆的实际惯量，导致因底盘测功机的模拟惯量小于被测车辆的实际惯量，引起检测结果误差。

5. 检测前不要让车辆长时间处于怠速状况，长时间怠速运行会使车辆排气系统产生积碳，影响测量结果。

6. 集气管的喇叭应在气体流量分析仪自检通过后，才允许对正排气管，且应尽量靠近车辆的排气管，要保证气体流量分析仪能收集被测车辆排放的全部尾气。

实训三　机动车排气定期检验（稳态工况法）

标准文本：《汽油车污染物排放限值及测量方法（双怠速法及简易工况法）》（GB 18285—2018）

标准文本：《机动车排放定期检验规范》（HJ 1237—2021）

稳态工况法检测报告（案例）

一、实训目的

1. 认识机动车排气定期检验（稳态工况法）常用的仪器设备。
2. 规范掌握机动车排气定期检验（稳态工况法）测试流程。

二、实训任务

1. 做好实训预习工作，完成技能考核与评价表相关内容。
2. 根据实训任务，配合实训指导教师完成测试车辆外观检验、OBD 检查。
3. 分小组规范完成设备日常检查（开检前任务）、机动车尾气排气检测任务。
4. 规范记录和处理实训数据，完成技能考核习题。

三、实训方法

参考《汽油车污染物排放限值及测量方法（双怠速法及简易工况法）》（GB 18285—

2018）和《机动车排放定期检验规范》（HJ 1237—2021），本实训采用稳态工况法。将被检车辆驱动轮停放到底盘测功机上，车辆启动，由检验员将车速控制稳定到规定工况速度（25 km/h 及 40 km/h 两个工况），由电气控制系统控制调节功率吸收装置，使得加载到滚筒表面的总吸收功率 THP 为测试工况下的给定加载值时，车辆稳定带载荷运行。排气分析仪测量车辆的尾气排放中各成分的含量，通过分析仪自带的气象站测取温度、湿度、气压参数，计算出稀释系数（DF），然后计算出校正后的 CO、HC、NO 排放浓度值，并给出合格性评价。稳态工况测试运转循环包括 ASM5025 和 ASM2540 两个工况。

四、仪器设备和材料

（一）仪器设备

稳态工况法与简易瞬态工况法同属汽油车排气检测方法，其设备的主要构成装置或仪器也基本相同。相对简易瞬态工况法设备除工控软件不同外，稳态工况法设备无须配备气体流量分析仪。

1. 系统工控电脑。由主控柜、工控计算机、打印机、电气控制系统、计算机软件系统组成。
2. 底盘测功机。
3. 排气取样系统。
4. 排气分析仪。此分析仪在测试过程中测量车辆排气管中排出的 CO、HC、CO_2、NO 和 O_2 的浓度，并把信息实时地传输给主控部分。
5. 气象站。
6. 司机助显示器。
7. 冷却风机。

（二）其他仪器设备和材料

试验车辆、试验燃料、标准气体条件同“实训二　机动车排气定期检验（简易瞬态工况法）”。

五、测试车辆外观检验、OBD 检查

同“实训一　机动车尾气道路抽检（双怠速法）”，此处不再赘述。

六、检测设备日常检查

同“实训二　机动车排气定期检验（简易瞬态工况法）”，此处不再赘述。

七、车辆尾气排气检测

（一）检测前准备

同“实训二　机动车排气定期检验（简易瞬态工况法）”，此处不再赘述。

（二）启动检测

调用检测车辆，启动软件检测功能。

排气分析仪环境空气、背景空气检查步骤同“实训二　机动车排气定期检验（简易瞬态工况法）”，此处不再赘述。

（三）检测程序

检测员按司机助显示器的提示工况法曲线操作车辆，先进行 ASM5025 工况测试，如果 ASM5025 工况测试合格，则测试结束；如果 ASM5025 工况测试不合格，则进行 ASM2540 工况测试（稳态工况法测试运作循环如表 5.3-1 所示）。测试过程由设备软件根据实时采集的测试参数和排气测试结果进行实时计算，并在司机助显示器上实时提示相关信息，检测员按显示器上的提示操控被测车辆，直至检测工作结束。

表 5.3-1　稳态工况法测试运作循环

工况	运转次序	速度/（km/h）	操作持续时间 mt/s	测试时间 t/s
5025	1	0～25	/	/
	2	25	5	
	3	25	10	90
	4	25	10	
	5	25	70	
2540	6	25～40	/	/
	7	40	5	
	8	40	10	90
	9	40	10	
	10	40	70	

ASM5025 工况：车辆经预热后，加速至 25 km/h，测功机根据车辆基准质量自动进行加载，驾驶员控制车辆保持在 25 km/h±2.0 km/h 等速运转，维持 5 s，系统自动开始计时 t=0 s。如果测功机的速度或者扭矩连续 2 s 或者累计 5 s 超出速度或者扭矩允许波动范围（实际扭矩波动范围不容许超过设定值的±5%），工况计时器置 0，重新开始计时。ASM5025 工况时间长度不应超过 90 s（t=90 s），ASM5025 整个测试工况最大时长不能

超过 145 s。

ASM5025 工况计时开始 10 s 后（t=10 s），开始进入快速检查工况，排气分析仪器开始采样，每秒测量一次，并根据稀释修正系数和湿度修正系数计算 10 s 内的排放平均值，运行 10 s（t=20 s）后，ASM5025 快速检查工况结束，进行快速检查判定。如果被检车辆没有通过快速检查，则车辆继续运行至计时器 t=90 s，ASM5025 工况结束，其间车速应控制在 25.0 km/h±2.0 km/h。

ASM2540 工况：ASM5025 工况排放检验不合格的车辆，需要继续进行 ASM2540 工况排放检验。被检车辆在 ASM5025 工况结束后应立即加速运行至 40.0 km/h，测功机根据车辆基准质量自动加载，车辆保持在 40 km/h±2.0 km/h 范围内等速运转，维持 5 s 后开始计时（t=0 s）。如果测功机的速度或者扭矩连续 2 s 或者累计 5 s 超出速度或者扭矩允许波动范围（实际扭矩波动范围不容许超过设定值的±5%），工况计时器置 0，重新开始计时，ASM2540 工况时间长度不应超过 90 s（t=90 s），ASM2540 整个测试工况最大时长不能超过 145 s。

ASM2540 工况计时 10 s 后（t=10 s），开始进入快速检查工况，计时器为 t=10 s，排气分析仪器开始测量，每秒钟测量一次，并根据稀释修正系数及湿度修正系数计算 10 s 内的排放平均值，运行 10 s（t=20 s）后，ASM2540 快速检查工况结束，进行快速检查判定。如果没有通过快速检查，则车辆继续运行至 90 s（t=90 s），ASM2540 工况结束，期间车速应控制在 40.0 km/h±2.0 km/h 内。

（四）检测结束

检测结束后，将底盘测功机的举升板被升起，拆除固定车辆的安全装置和车轮挡，将车辆驶离滚筒停放至指定位置。记录 CO、HC、NO 的浓度、过量空气系数（λ）等检查结果，出具检测报告。

（五）结果判定

按上述方法进行排气检测，其检测结果应小于表 5.3-2 规定的排放限值。

表 5.3-2　稳态工况法排气污染物排放限值（GB 18285—2018）

类别	ASM5025			ASM2540		
	CO/%	HC[1]/10^{-6}	NO/10^{-6}	CO/%	HC[1]/10^{-6}	NO/10^{-6}
限值 a[2]	0.50	90	700	0.40	80	650
限值 b	0.35	47	420	0.30	44	390

注：1）对于装用以天然气为燃料的点燃式发动机汽车，该项目为推荐性要求；
2）除北京外，我国其他省（区、市）都执行限值 a。

八、质量控制

稳态工况法排气检测过程的质量控制主要包括测试前的设备自检、尾气采样控制、操车控制和过程参数监控等几个方面。

九、注意事项

稳态工况法排气检测时应特别注意如下几个问题：

1. 稳态工况法测试时，自动变速车辆使用前进挡进行测试，手动变速器车辆应使用二挡进行测试，如二挡的最高速度低于 45 km/h 时，可使用三挡测试。

2. 工况测试过程中，不允许对车辆进行刹车，如使用刹车，则工况测试无效，该测试工况应重新计时测试。

3. 对于非全时四轮驱动车辆，检测前一定要确保已有效关闭了一组驱动轮，一定要确保是将未关闭的驱动轮放置在滚筒上；否则，检测时就可能出现车辆冲出滚筒情况，造成意想不到的安全事故。

4. 双排气管车辆应使用 Y 形采样探头同时对两个排气管进行同步采样。

5. 对于安装有防抱死装置（ABS）、防侧滑装置（ESC）或电子稳定程序（ESP）、牵引力控制系统（ASR）等主动型制动功能和扭矩控制功能车辆，应手动关闭相关功能后测试，如果不能手动关闭，则采用双怠速法测试。检测机构或检测员不能因车辆故障和自身技术能力限制，将本该采用稳态工况法排气检测的车辆随意改用双怠速法进行排气检测。

6. 稳态法排气检测时的惯量模拟与被测车辆基准质量有关，因此，检测时，应保证车辆处于空载状态，除驾驶员外，被测车辆不允许搭乘任何人与装载货物，否则会因人或货物增加被测车辆的实际测量质量，也增加了被测车辆的实际惯量，会引起检测结果误差。

7. 检测前不要让车辆长时间处于怠速状况，长时间怠速运行会使车辆排气系统产生积碳，影响测量结果。

参考文献

[1] 中国环境监测总站，国家环境保护环境监测质量控制重点实验室. 环境监测方法标准使用手册（第五册监测技术规范）[M]. 北京：中国环境出版社，2013.

[2] 中国环境监测总站，国家环境保护环境监测质量控制重点实验室. 环境监测方法标准使用手册（第二册气监测方法）[M]. 北京：中国环境出版社，2013.

[3] 《空气和废气监测分析方法》编委会. 空气和废气监测分析方法（第 4 版增补版）[M]. 北京：中国环境科学出版社，2003.

[4] 环境空气　总悬浮颗粒物的测定　重量法: HJ 1263—2022[S/OL]. [2024-03-22]. https://www.mee.gov.cn/ywgz/fgbz/bz/bzwb/jcffbz/202209/W020220909413035856218.pdf.

[5] 室内空气质量标准：GB/T 18883—2022[S]. 北京：中国标准出版社，2022.

[6] 固定污染源废气　低浓度颗粒物的测定　重量法：HJ 836—2017[S]. 北京：中国环境出版集团，2018.

[7] 固定污染源废气　挥发性有机物的测定：HJ 734—2014[S]. 北京：中国环境出版社，2015.

[8] 固定污染源废气　总烃、甲烷和非甲烷总烃的测定　气相色谱法：HJ 38—2017[S]. 北京：中国环境出版集团，2018.

[9] 固定污染源废气　油烟和油雾的测定　红外分光光度法：HJ 1077—2019[S]. 北京：中国环境出版集团，2020.

[10] 环境空气和废气　臭气的测定　三点比较式臭袋法：HJ 1262—2022[S/OL]. [2024-03-22]. https://www.mee.gov.cn/ywgz/fgbz/bz/bzwb/jcffbz/202209/W020220922551201899953.pdf.

[11] 恶臭污染环境监测技术规范：HJ 905—2017[S]. 北京：中国环境出版集团，2018.

[12] 环境空气和废气　氯化氢的测定　离子色谱法：HJ 549—2016[S]. 北京：中国环境出版社，2017.

[13] 汽油车污染物排放限值及测量方法（双怠速法及简易工况法）：GB 18285—2018[S]. 北京：中国环境出版集团，2019.

[14] 张雪莉. 机动车排气污染物检测技术[M]. 北京：清华大学出版社，北京交通大学出版社，2010.

[15] 韩应健，戴映云，陈南峰. 机动车排气污染物检测培训教程（第二版）[M]. 北京：中国质检出版社，中国标准出版社，2013.

[16] 双菊荣，王伯光，黄茹娜，等. 机动车排气检验——标准解析、设备原理、技术方法与应用[M]. 北京：科学出版社，2017.